Thieme

Ilka U. Emmerich
Jutta Hein

Dosierungsvorschläge

für Arzneimittel bei Kleinnagern, Kaninchen und Frettchen und Igeln

2., aktualisierte und erweiterte Auflage

Mit zahlreichen tabellarischen Übersichten

Georg Thieme Verlag
Stuttgart · New York

Anschriften der Autorinnen

Dr. med. vet. Ilka Ute Emmerich
VETIDATA, Institut für Pharmakologie, Pharmazie und Toxikologie
Veterinärmedizinische Fakultät der Universität Leipzig
An den Tierkliniken 39, 04103 Leipzig
E-Mail: emmerich@vetmed.uni-leipzig.de

Dr. med. vet. Jutta Hein
Flemingstraße 22, 86391 Stadtbergen
E-Mail: drhein@heimtieraerztin.de

Bibliografische Information der Deutschen Nationalbibliothek
Die Deutsche Nationalbibliothek verzeichnet diese Publikation in der Deutschen Nationalbibliografie; detaillierte bibliografische Daten sind im Internet über http://dnb.d-nb.de abrufbar.

Wichtiger Hinweis: Wie jede Wissenschaft ist die Veterinärmedizin ständigen Entwicklungen unterworfen. Forschung und klinische Erfahrung erweitern unsere Erkenntnisse, insbesondere was Behandlung und medikamentöse Therapie anbelangt. Soweit in diesem Werk eine Dosierung oder eine Applikation erwähnt wird, darf der Leser zwar darauf vertrauen, dass Autoren, Herausgeber und Verlag große Sorgfalt darauf verwandt haben, dass diese Angabe **dem Wissensstand bei Fertigstellung des Werkes** entspricht.
Für Angaben über Dosierungsanweisungen und Applikationsformen kann vom Verlag jedoch keine Gewähr übernommen werden. **Jeder Benutzer ist angehalten**, durch sorgfältige Prüfung der Beipackzettel der verwendeten Präparate und gegebenenfalls nach Konsultation eines Spezialisten festzustellen, ob die dort gegebene Empfehlung für Dosierungen oder die Beachtung von Kontraindikationen gegenüber der Angabe in diesem Buch abweicht. Eine solche Prüfung ist besonders wichtig bei selten verwendeten Präparaten oder solchen, die neu auf den Markt gebracht worden sind.
Jede Dosierung oder Applikation erfolgt auf eigene Gefahr des Benutzers. Autoren und Verlag appellieren an jeden Benutzer, ihm etwa auffallende Ungenauigkeiten dem Verlag mitzuteilen. Vor der Anwendung bei Tieren, die der Lebensmittelgewinnung dienen, ist auf die in den einzelnen deutschsprachigen Ländern unterschiedlichen Zulassungen und Anwendungsbeschränkungen zu achten.
Geschützte Warennamen (Warenzeichen ®) werden nicht immer besonders kenntlich gemacht. Aus dem Fehlen eines solchen Hinweises kann also nicht geschlossen werden, dass es sich um einen freien Warennamen handelt.

www.thieme.de

Printed in Germany
1. Auflage 2012 Schattauer GmbH

Umschlaggestaltung: Thieme Gruppe
Umschlagabbildung: drugs on glass © William – Fotolia.com; 51 animaux de compagnie © lynea – Fotolia.com; Hedgehog. Vector Drawing – © Marina – Fotolia.com
Satz: Satzpunkt Ursula Ewert GmbH, Bayreuth
Druck: AZ Druck und Datentechnik GmbH, Kempten/Allgäu

DOI 10.1055/b-006-160385

ISBN 978-3-13-242285-8

Auch erhältlich als E-Book:
eISBN (PDF) 978-3-13-242286-5

Vorwort zur 2. Auflage

Kleinsäuger gewinnen als Patient in der Kleintierpraxis und in wissenschaftlichen Studien zunehmend an Bedeutung. Ihre physiologischen Besonderheiten, vor allem im Bereich Stoffwechsel und Verdauung, führen wiederum zu einer erhöhten Empfindlichkeit gegenüber bestimmten Arzneimitteln. Mit der stetigen Entwicklung neuer Medikamente wächst unser Wissen auch in Bezug auf diese Tierarten. Der ständige Wechsel von Produkten auf dem Markt und die Erstellung und Änderung von Empfehlungen erfordert aber auch hier regelmäßige Anpassung und Aktualisierung.

Wenige Jahre nach der ersten Auflage der „Dosierungsvorschläge für Arzneimittel bei Kleinnagern, Kaninchen und Frettchen" möchten wir Ihnen daher mit dieser 2. Auflage nicht nur eine völlig überarbeitete und aktualisierte Fassung anbieten, sondern auch eine um die Tierart Igel erweiterte, wobei der Aufbau der Dosierungsvorschläge der seit vielen Jahren bewährte blieb. Da für manche Tierarten nach wie vor nur wenige wissenschaftliche Studien zu einzelnen Arzneimitteln vorliegen, sind die Verfasser für Hinweise und Anregungen aus der Praxis, den Hochschulen oder der Arzneimittelindustrie dankbar.

Unser spezieller Dank gilt den „Altautoren" Prof. Wilfried Kraft, ehemals Medizinische Kleintierklinik der LMU-München, und dem verstorbenen Prof. Fritz Rupert Ungemach, ehemals Institut für Pharmakologie, Pharmazie und Toxikologie der Veterinärmedizinischen Fakultät der Universität Leipzig, ohne die dieses Buch nie entstanden wäre. Dem Thieme-Verlag sei herzlich für die Bereitschaft gedankt, die 2. Auflage herauszugeben. Besonderer Dank gebührt dem Lektor, Lars Wilker, für die engagierte und sachkundige Durchsicht des Manuskriptes und die Verbesserungsvorschläge. Wir wünschen allen Kolleginnen und Kollegen viel Freude und Erfolg bei der Behandlung ihrer „Kleinsäugerpatienten“. Möge diese aktualisierte Auflage ihren Teil dazu beitragen!

Leipzig und Stadtbergen
im März 2018

Ilka Emmerich
Jutta Hein

Vorwort zur 1. Auflage

Nachdem die „Dosierungsvorschläge für Arzneimittel bei Hund und Katze" mehrfach aktualisiert wurden, beschlossen die beiden „Altautoren" Wilfried Kraft, Medizinische Kleintierklinik der Ludwig-Maximilians-Universität München, und der inzwischen verstorbene Fritz Rupert Ungemach, ehemals Institut für Pharmakologie, Pharmazie und Toxikologie der Veterinärmedizinischen Fakultät der Universität Leipzig, Dosierungsvorschläge auch für die „Heimtiere" zusammenzustellen. Der Autorenkreis wurde hierfür erweitert durch Frau Ilka Emmerich, Institut für Pharmakologie, Pharmazie und Toxikologie der Veterinärmedizinischen Fakultät der Universität Leipzig, und Frau Jutta Hein, ehemals Heimtierabteilung der Medizinischen Kleintierklinik der Ludwig-Maximilians-Universität München. Gemeinsam mit Wilfried Kraft entstand so das vorliegende Dosierungsbuch für Heimtiere – in besonderem Gedenken an Fritz Ungemach.
Warum ein solches Buch? Gibt es dafür überhaupt Bedarf? Die Zahl der Heimtiere steigt stetig, sodass auch ihre Vorstellung in den tierärztlichen Praxen immer öfter vorkommt. Dass „Heimtiere" keine kleinen Katzen und Hunde sind, zeigt sich nicht nur an der Art der Erkrankungen, sondern vor allem in den Besonderheiten ihres Stoffwechsels, bei Herbivoren vor allem des Verdauungstrakts, und somit ihrer unterschiedlichen Empfindlichkeit gegenüber bestimmten Arzneimitteln. Von Bedeutung ist also nicht nur die Wahl der Arzneimittel, sondern auch deren Dosierung. Damit sich die Tierärzte eine schnelle Übersicht über diese Besonderheiten verschaffen können, haben sich die Autoren entschlossen, alle wichtigen Informationen dazu in diesem Buch zusammenzutragen. Dabei mussten sie zwangsläufig eine Auswahl treffen, sowohl in Bezug auf die Tierarten als auch auf die Wirkstoffe und Arzneispezialitäten. So berücksichtigen sie nicht nur die drei größten „Heimtier"-Gruppen Lagomorpha (Hasenartige), Rodentia (Nagetiere) und Carnivora (Fleischfresser), sondern auch die ernährungsphysiologisch und somit arzneimittelspezifisch wichtigen

Gruppen: Herbivore (Kaninchen, Meerschweinchen, Chinchilla, Degu), Granivore (Kleinnager wie Ratte, Maus, Hamster und Gerbil [Wüstenrennmaus]) und Carnivore (Frettchen). Auf Insectivora (Igel) kann aus Platzgründen nicht näher eingegangen werden.
Zu Wirkstoffen und Präparaten für viele der genannten Tierarten liegen (noch) keine oder nur unvollständige, teilweise auch widersprüchliche Literaturangaben vor. Deshalb können Dosierungsvorschläge für diese „Heimtiere" nur unter Vorbehalt angegeben werden. Es sei an dieser Stelle ausdrücklich darauf hingewiesen, dass selbst verschiedene Rassen einer Tierart unterschiedlich auf Arzneimittel reagieren können. Auf diese Tatsache kann aber nicht weiter eingegangen werden, da dies den Rahmen des Buches sprengen würde. Auch erhebt dieses Buch keinen Anspruch auf Vollständigkeit. Die Verfasser sind für Hinweise und Anregungen aus der Praxis, den Hochschulen oder der Arzneimittelindustrie dankbar.
Auch in den „Dosierungsvorschläge für Arzneimittel bei Kleinnagern, Kaninchen und Frettchen" werden wie in der Ausgabe für Hunde und Katzen vorwiegend Monopräparate berücksichtigt und Kombinationen nur in Ausnahmefällen erwähnt. Soweit bekannt, werden Nebenwirkungen und Kontraindikationen – wiederum in zwei getrennten Spalten – dokumentiert. Ein gewisses Problem stellten die auf dem Markt befindlichen tier- und humanmedizinischen Fertigarzneimittel dar, da sie teils so zahlreich sind, dass sie nicht alle genannt werden können. Es sei daher ausdrücklich betont, dass die im Buch nicht erwähnten Fertigarzneimittel durchaus die gleiche Wirkung und Anwendungsmöglichkeit besitzen können wie die aufgeführten, mit Letzteren also keine Bewertung verbunden ist. Manche Wirkstoffe sind als Fertigarzneimittel zurzeit nicht auf dem deutschen Markt erhältlich. Dies ist an den entsprechenden Stellen jeweils vermerkt. Im Übrigen werden in der Rubrik „Beispiele für Handelspräparate" häufig neben tiermedizinischen Präparaten auch humanmedizinische angegeben, sodass „Umwidmungen", sofern dafür Bedarf besteht, vorgenommen werden können.

Gerade bei Arzneimitteln ist nach wie vor eine erhebliche „Bewegung" auf dem Markt festzustellen, unabhängig davon, ob es sich um human- oder tiermedizinische handelt. Das bedeutet, innerhalb kurzer Zeit werden altbekannte Arzneimittel vom Markt genommen und neue eingeführt. Das heißt aber auch, dass das vorliegende Werk nur den gerade aktuellen Stand wiedergeben kann. Bei den „Heimtieren" stellt sich die arzneimittelrechtliche Situation recht kompliziert dar (s. Kap. „Arzneimittelrechtliche Hinweise"). Als „Heimtiere" im arzneimittelrechtlichen Sinne werden u. a. Kleinnager, Kaninchen und Frettchen, die nicht der Lebensmittelgewinnung dienen, bezeichnet (§ 60 AMG). Ein besonderes Problem stellt das Kaninchen dar, das entweder als Hobbytier oder aber zur Lebensmittelgewinnung gehalten werden kann – und somit auch lebensmittelrechtlichen Bestimmungen unterliegen kann.

Dem Schattauer Verlag sei herzlich für die Bereitschaft gedankt, die Dosierungsvorschläge für Kleinnager, Frettchen und Kaninchen herauszugeben. Besonderer Dank gebührt der Lektorin, Frau Martina Kunze, für die engagierte und sachkundige Durchsicht des Manuskriptes und die wichtigen Verbesserungsvorschläge.
Wir wünschen den Kolleginnen und Kollegen viel Freude und Erfolg bei der Behandlung ihrer „Heimtierpatienten". Möge das vorliegende Buch seinen Teil dazu beitragen!

München, Leipzig, Stadtbergen
im Juni 2011

Wilfried Kraft
Ilka Emmerich
Jutta Hein

Inhalt

Symbole und Abkürzungen

+	„in Kombination mit …"
%	Prozent
%ig	prozentig
Abs.	Absatz
ACE	Acetylcholinesterase
ACTH	Adrenokortikotropes Hormon
AMG	Arzneimittelgesetz
Anw.	Anwendung(en)
Augentr.	Augentropfen
BE	Basendefizit
Behandl.	Behandlung(en)
bes.	besonders
BtM	Betäubungsmittel
BtMG	Betäubungsmittelgesetz
BU	bakteriologische Untersuchung
DIC	disseminierte intravasale Koagulation
DMSO	Dimethylsulfoxid
DTI	Dauertropfinfusion
Durchstechfl.	Durchstechflasche
ECE	epizootische katarrhalische Gastroenteritis
EDTA	Ethylendiamintetraacetat
entspr.	entsprechend
Erkr.	Erkrankung(en)
etc.	et cetera (lat.), und so weiter
EU	Europäische Union
EWR	Europäischer Wirtschaftsraum
Filmtabl.	Filmtabletten
FSH	Follikelstimulierendes Hormon
ggf.	gegebenenfalls
ggr.	geringgradig
GnRH	Gonadotropin-Releasing-Hormon
Ⓗ	Humanarzneimittel
HCG	Humanes Choriongonadotropin, Urofollitropin

HES, HAES	Hydroxyethylstärke
HF	Herzfrequenz
hgr.	hochgradig
HVL	Hypophysenvorderlappen
i.a.	intraarteriell
i.m.	intramuskulär
i.o.	intraossär
i.p.	intraperitoneal
i.t.	intratracheal
i.v.	intravenös
I. E.	Internationale Einheit
Inf.-Lsg.	Infusionslösung
Inj.-Lsg.	Injektionslösung
Inj.-Susp.	Injektionssuspension
Kap.	Kapitel
KBE	koloniebildende Einheiten
KFZ	Kapillarfüllzeit
KM	Körpermasse
Kombi	Kombination
LDH	Laktatdehydrogenase
LH	Lutenisierendes Hormon
Lsg.	Lösung
MAC	Minimum Alveolar Concentration
MAO	Monoaminooxidase
max.	maximal
min	Minuten
Mon.	Monat(e)
MRSA	Methicillin-resistenter *Staphylococcus aureus*
msr.	magensaftresistent
NNR	Nebennierenrinde
o.	oder
PMSG	Pregnant Mare's Serum Gonadotropin
p.o.	peroral
proph.	prophylaktisch
s.	siehe

s.c.	subkutan
Std.	Stunde(n)
Susp.	Suspension
Tabl.	Tabletten
TÄHAV	Tierärztliche Hausapothekenverordnung
Herst.	Herstellung
tgl.	täglich
therap.	therapeutisch
Tr.	Tropfen
u.a.	unter anderem
Ⓥ	Veterinärarzneimittel
v.a.	vor allem
Ⓥ [C]	Veterinärarzneimittel zugelassen für Chinchillas
Ⓥ [F]	Veterinärarzneimittel zugelassen für Frettchen
Ⓥ [G]	Veterinärarzneimittel zugelassen für Gerbile
Ⓥ [H]	Veterinärarzneimittel zugelassen für Hamster
Ⓥ [I]	Veterinärarzneimittel zugelassen für Igel
Ⓥ [K]	Veterinärarzneimittel zugelassen für Kaninchen
Ⓥ [Kln]	Veterinärarzneimittel zugelassen für Kleinnager
Ⓥ [Ma]	Veterinärarzneimittel zugelassen für Mäuse
Ⓥ [Me]	Veterinärarzneimittel zugelassen für Meerschweinchen
Ⓥ [R]	Veterinärarzneimittel zugelassen für Ratten
Wdh.	Wiederholung
wg.	wegen
Wo.	Woche(n)

Einheiten

°C	mg/Tabl.	g/t
mg/ml	mm	I. E./ml
mg/g	g/g	I. E./m²

Autorenvorstellung

Ilka U. Emmerich
Dr. med. vet., Fachtierärztin für Pharmakologie und Toxikologie, Zusatzbezeichnung Bienen. Nach der Ausbildung zum Rinderzüchter mit Abitur studierte sie in Leipzig Tiermedizin. Seit 1996 ist sie am Institut für Pharmakologie, Pharmazie und Toxikologie an der Veterinärmedizinischen Fakultät der Universität Leipzig tätig. Nach der Promotion am Institut betreut sie seit 2002 das Projekt VETIDATA (Veterinärmedizinischer Informationsdienst für Arzneimittelanwendung, Toxikologie und Arzneimittelrecht). Ehrenamtlich engagiert sie sich als Vorsitzende des Ausschusses für Arzneimittel- und Futtermittelrecht der Bundestierärztekammer (BTK) und der mitteldeutschen Kammern sowie als Delegierte der Sächsischen Landestierärztekammer und der Bundestierärztekammer.

Jutta Hein
Dr. med. vet., Diplomat ECZM (Small Mammal), Fachtierärztin Heimtiere, Zusatzbezeichnung Heimtiere/Kleinsäuger. Nach Studium und Promotion in München war sie von 2003–2010 Oberärztin der Abteilung kleine Heimtiere und Gesundheitsvorsorge der Medizinischen Kleintierklinik der Ludwig-Maximilians-Universität München und ist seit 2011 freiberuflich im Kleinsäugersektor (Spezialgebiet Innere Medizin und Labordiagnostik) tätig. Neben einer reinen Kleinsäugersprechstunde in Kooperation mit der Anicura Tierärztliche Fachpraxis am Klinkerberg, Augsburg, berät sie Tierärzte im Auftrag von SYNLAB.vet, und ist als Kongressleiterin, Referentin, Forummoderatorin und Autorin aktiv.

Allgemeine Hinweise und Erläuterung der Symbole

Der Hauptteil dieses Dosierungsbüchleins umfasst eine Liste mit Dosierungsvorschlägen, die alphabetisch nach den Wirkstoffnamen geordnet ist. Als Wirkstoffname wurde der weltweit gültige internationale Freiname des Arzneistoffs nach der Weltgesundheitsorganisation verwendet (INN – International Nonproprietary Name). Zu jedem aufgeführten Wirkstoff werden Handelspräparate aufgelistet, sofern sie am Markt verfügbar sind. Bei der Auswahl der aufgeführten Fertigarzneimittel wurde darauf geachtet, dass sie sowohl die am Markt verfügbaren Darreichungsformen und die bei Heimtieren anwendbaren Wirkstärken widerspiegeln als auch mit der angegebenen Dosierung, einschließlich des Verabreichungswegs, harmonisieren. So wurden zu jedem Fertigarzneimittel die verfügbare(n) und nach Meinung der Autoren praktikable(n) Wirkstärke(n) (meist geringste Wirkstoffkonzentration) mit der/den dazugehörigen Darreichungsform(en) in runden Klammern hinter dem Präparatenamen angegeben. Ein „u.a." innerhalb der runden Klammern bedeutet, dass es diese Darreichungsform auch in anderen, meist höheren Wirkstärken gibt. Die bei den Darreichungsformen verwendeten Abkürzungen werden im Kap. „Symbole und Abkürzungen" näher erläutert.
Nach Angabe von Wirkstärke und Darreichungsform wird zu jedem Präparat angegeben, ob es sich um ein tiermedizinisches Ⓥ oder humanmedizinisches Ⓗ Fertigarzneimittel handelt. Sollte das Tierarzneimittel für eine im Buch besprochene Heimtierart zugelassen sein, so ist dies mit einem umrandeten Buchstaben gekennzeichnet. Der Buchstabe steht als Abkürzung für die jeweilige Tierart, wobei [C] für Chinchillas, [F] für Frettchen, [G] für Gerbile, [H] für Hamster, [I] für Igel, [K] für Kaninchen, [Kln] für Kleinnager, [Ma] für Mäuse, [Me] für Meerschweinchen und [R] für Ratten verwendet wurde. Abgeschlossen wird die Charakterisierung des Fertigarzneimittels mit der Angabe des pharmazeutischen Unternehmers (in runden Klammern), bei dem das Präparat erhältlich ist.
Zu jedem aufgelisteten Wirkstoff sind die in der anerkannten Literatur angegebenen Dosierungsempfehlungen für die einzelnen Tierarten be-

nannt. Tierarten, für die keine Indikation besteht und/oder zum Zeitpunkt der Herausgabe keine gesicherten Dosierungsangaben gefunden werden konnten, wurden unter dem entsprechenden Wirkstoff nicht aufgeführt.
Die Dosierungsangaben beziehen sich auf die Körpermasse (…/kg KM) oder auf die Körperoberfläche (…/m^2 KOF), was der Einfachheit und Kürze halber mit …/kg bzw. …/m^2 abgekürzt wird.
Die in diesem Buch aufgeführten Handelspräparate stellen den Zulassungsstand vom 3. Quartal 2017 dar. Die jeweils aktuelle Zulassungssituation für Tierarzneimittel kann unter www.vetidata.de und für Humanarzneimittel unter www.gelbe-liste.de eingesehen werden.

Arzneimittelrechtliche Hinweise

Die Zulassungssituation ist bei Arzneimitteln für Heimtiere in weiten Bereichen wenig befriedigend, sodass der Tierarzt fast immer für andere Tierarten zugelassene Arzneimittel umwidmen muss. Um das Vorliegen eines „Therapienotstands" als Voraussetzung für die **Umwidmung nach § 56a Arzneimittelgesetz** (**AMG**) feststellen zu können, wurde in der alphabetisch nach Wirkstoffnamen sortierten Liste der Dosierungsvorschläge unter „Beispiele für Handelspräparate" angegeben, ob ein Fertigarzneimittel für eine der im Buch besprochenen Heimtierarten (Kleinnager, Kaninchen und/oder Frettchen) zugelassen und im Handel erhältlich ist (s. auch Kap. „Symbole und Abkürzungen").
Im Buch aufgelistet sind alle aktuell der Verschreibungspflicht unterstellten Heimtierarzneimittel. Freiverkäufliche Arzneimittel (laut § 4 der Verordnung über apothekenpflichtige und freiverkäufliche Arzneimittel auch apothekenpflichtige Arzneimittel, die ausschließlich bei Heimtieren angewendet werden) konnten nur teilweise bei den Präparatebeispielen berücksichtigt werden. Grund dafür ist, dass entsprechend der arzneimittelrechtlichen Ausnahmeregelung für Heimtierarzneimittel die **Zulassungspflicht für freiverkäufliche Arzneimittel entfällt**. Daher können sie nach allgemeiner Anzeige (§ 67 AMG) ohne Zulassung in den Verkehr gebracht werden, und werden nicht von der für die Zulassung von Tierarzneimitteln zuständigen Behörde (Bundesamt für Verbraucherschutz und Lebensmittelsicherheit – BVL) zentral erfasst.

Arzneimittelanwendung bei Kleinnagern

Laut **§ 60** Abs. 1 **AMG**, dem „Heimtierparagraph", werden, anders als im Futtermittelrecht, wo auch Hunde und Katzen zu den Heimtieren gezählt werden (Artikel 3 Absatz 2 Buchstabe f der Verordnung [EG] Nr. 767/2009), nur Zierfische, Zier- oder Singvögel, Brieftauben, Terrarientiere, Kleinnager, Frettchen und Kaninchen, die nicht der Lebensmittelgewinnung dienen, zu den Heimtieren gezählt. Dabei gelten als „Kleinnager" Tiere der Ordnung Rodentia (Nagetiere), wie z. B. Meerschweinchen, Chinchilla, Degus, Gerbile, Mäuse und Ratten, nicht hingegen aber Tiere der Ordnung Lagomorpha (Hasenartige), wie Kaninchen und Hasen.

Sollen **verschreibungspflichtige Arzneimittel** im „Therapienotstand" verwendet werden, gelten die Bestimmungen der Umwidmung nach § 56a AMG (s. „Umwidmungskaskade und Verbringungsverbot"). Hierbei müssen bei allen „Kleinnagern" sowohl die verschreibungspflichtigen Präparate, die für die einzelne Tierart, z. B. Meerschweinchen, als auch allgemein für „Kleinnager" zugelassenen sind, bei der Umwidmung berücksichtigt werden, nicht jedoch die freiverkäuflichen Arzneimittel. **Freiverkäufliche Arzneimittel** fallen nicht unter die Bestimmungen des § 56a AMG. Sie müssen daher bei der Beurteilung eines sogenannten Therapienotstands nicht berücksichtigt werden.

Arzneimittelanwendung bei lebensmittelliefernden Kaninchen

Kaninchen zählen prinzipiell zu den lebensmittelliefernden Tieren. Für sie gilt, wie für andere lebensmittelliefernde Tiere auch, dass nur Arzneimittel eingesetzt und umgewidmet werden dürfen, deren arzneilich wirksame Stoffe in Tabelle 1 der Rückstandshöchstmengenverordnung (EU) Nr. 37/2010 aufgelistet sind. Zudem muss der Tierarzt Wartezeiten festlegen (§ 12a Tierärztliche Hausapothekenverordnung, TÄHAV) und die Anwendung und Abgabe der Arzneimittel dokumentieren.

Arzneimittelanwendung bei nicht lebensmittelliefernden Kaninchen

Der **§ 60 AMG** schafft seit der 14. AMG-Novelle die Möglichkeit, Kaninchen als Hobbytier zu deklarieren. Voraussetzung dafür ist, dass das Kaninchen aufgrund seines Verwendungszwecks unwiderruflich niemals der Lebensmittelgewinnung zugeführt wird. Für Hobbykaninchen entfallen dann die einschränkenden Vorschriften, die für lebensmittelliefernde Tiere gelten, nämlich dass nur Arzneimittel umgewidmet werden dürfen, deren arzneilich wirksame Stoffe in Tabelle 1 der Rückstandshöchstmengenverordnung (EU) Nr. 37/2010 aufgelistet sind.

Die Abgrenzung zwischen lebensmittelliefernden Kaninchen und Hobbykaninchen kann durch eine **Haltererklärung** (Muster s. Abb. 1) erfolgen. Da die Haltererklärung nicht arzneimittelrechtlich verankert und nicht mit einer bleibenden Kennzeichnung der Tiere verbunden ist, sollte von ihr nur in Absprache mit der zuständigen Veterinärbehörde Gebrauch gemacht werden.

Erklärung

Name und Anschrift des Tierhalters:
Vorname, Name:
Straße, Hausnummer:
PLZ, Ort:

Hiermit erkläre ich, dass mein Kaninchen

Merkmale der Identität:
Name des Tieres:
Geburtsdatum:
Geschlecht:
Rasse:
Farbe/besondere Kennzeichen/Chip-Nr.:

nicht der Lebensmittelgewinnung dient und meinerseits auch nicht der Lebensmittelgewinnung zugeführt wird.
Mir ist bekannt, dass eine Verwendung des o.g. Tieres zur Gewinnung von Lebensmitteln ein Vergehen gegen das Lebensmittel- und Futtermittelgesetzbuch (LFGB) darstellt und als Straftat geahndet werden kann.

Im Falle der Veräußerung des Tieres verpflichte ich mich, den Erwerber auf diese Erklärung hinzuweisen, insbesondere den Tatbestand, dass das Tier aus arznei- und lebensmittelrechtlichen Gründen nicht der Lebensmittelgewinnung zugeführt werden kann. Mir ist bekannt, dass diese Erklärung unwiderruflich ist.

....

Ort, Datum Unterschrift des Tierhalters

Original an Tierhalter, Durchschrift verbleibt beim Tierarzt

Abb. 1 Haltererklärung für Kaninchen

Umwidmungskaskade und Verbringungsverbot

Für alle Tiere, einschließlich der Heimtiere, gilt das sogenannte Zulassungsprimat, welches besagt, dass apotheken- und verschreibungspflichtige Arzneimittel nur angewendet werden dürfen, wenn sie für die zu behandelnde Tierart und das Anwendungsgebiet zugelassen sind (§ 56a Abs. 1 AMG). Nur für den Fall, dass für die Behandlung kein für die betreffende Tierart und das Anwendungsgebiet zugelassenes Arzneimittel zur Verfügung steht und die notwendige arzneiliche Versorgung der Tiere dadurch ernstlich gefährdet ist, entsteht eine Situation, die als „Therapienotstand" bezeichnet wird. Unter diesen Bedingungen kann ein für ein anderes Anwendungsgebiet, eine andere Tierart oder den Menschen zugelassenes apotheken- oder verschreibungspflichtiges Arzneimittel oder ein aus einem EU- oder EWR-Staat eingeführtes Tierarzneimittel oder ein in einer Apotheke hergestelltes Arzneimittel verwendet werden. Bei der Auswahl des jeweiligen Arzneimittels muss strikt nach der **Umwidmungskaskade** (**§ 56a Abs. 2 AMG**) (s. Abb. 2) vorgegangen werden.

Widmet ein Tierarzt ein Arzneimittel um oder stellt er ein Arzneimittel her, muss er dafür sorgen, dass es zu keiner unmittelbaren oder mittelbaren Gefährdung der Gesundheit von Mensch und Tier kommt (§ 56a Abs. 2 AMG). Außerdem übernimmt der Tierarzt bei Umwidmung eines Arzneimittels die **Produkthaftung** und trägt somit die Verantwortung für auftretende unerwünschte Wirkungen beim Patienten oder Anwender. Der Hersteller haftet nicht, wenn die Anwendung außerhalb der Zulassungsbedingungen erfolgt, da die Wirksamkeit und Unbedenklichkeit für diese Anwendung nicht belegt ist.

Die in **Stufe 2** der Umwidmungskaskade vorgeschriebene Anwendung eines für eine andere Tierart zugelassenen Arzneimittels ist nur erforderlich, wenn das entsprechende Arzneimittel hinsichtlich Wirkstoffgehalt, Größe der abgeteilten Form oder Packungsgröße für die Anwendung geeignet ist. Ist dies nicht gegeben, kann unter Auslassung der Stufe 2 gleich ein für Heimtiere besser geeignetes Humanarzneimittel (**Stufe 3**) verwendet werden. Steht kein geeignetes tier- oder humanmedizinisches Arzneimittel zur Verfügung, sind in der Tabelle entsprechende Tierarzneimittel aus anderen EU- oder EWR-Staaten (EWR = EU-Staaten + Island,

Anwendung eines für die zu behandelnde Tierart und das betreffende Anwendungsgebiet zugelassenen, geeigneten Arzneimittels (im Kap. „Dosierungsvorschläge" gekennzeichnet, z.B. für das Kaninchen mit Ⓥ [K].

1. Stufe: Anwendung eines für die zu behandelnde Tierart, aber für ein anderes Anwendungsgebiet zugelassenen Arzneimittels.

2. Stufe: Anwendung eines für andere Tierarten zugelassenen, geeigneten Tierarzneimittels (im Kap. „Dosierungsvorschläge" mit Ⓥ gekennzeichnet).

3. Stufe: Anwendung eines beim Menschen zugelassenen Arzneimittels oder eines Arzneimittels, das in einem Mitgliedsstaat der EU oder einem anderen Vertragsstaat des Abkommens über den europäischen Wirtschaftsraum zur Anwendung bei Tieren zugelassen ist (im Kap. „Dosierungsvorschläge" mit Ⓗ oder dem Herkunftsland, z.B. *Niederlande*, des Tierarzneimittels gekennzeichnet).

4. Stufe: Anwendung eines in der Apotheke aus apotheken- und verschreibungspflichtigen Stoffen hergestellten oder durch den Tierarzt verdünnten Arzneimittels (im Kap. „Dosierungsvorschläge" gekennzeichnet mit „kein veterinär- oder humanmedizinisches Arzneimittel in Deutschland verfügbar"). Bei „Therapienotstand" Rezepturarzneimittel in der öffentlichen Apotheke herstellen lassen.

Abb. 2 Umwidmungskaskade nach § 56a Abs. 2 AMG

Lichtenstein und Norwegen) aufgeführt. Führt ein Tierarzt auf Stufe 3 der Umwidmungskaskade ein Tierarzneimittel ein, muss er die Vorschriften des **§ 73 AMG (Verbringungsverbot)** beachten:
Generell darf nur ein Tierarzneimittel verbracht werden, das in einem EU- oder EWR-Mitgliedsstaat zugelassen ist. Nicht statthaft ist das Verbringen eines Humanarzneimittels aus einem EU- oder EWR-Mitgliedsstaat oder die Einfuhr eines Tier- oder Humanarzneimittels aus einem Drittland (z.B. Schweiz, außereuropäische Staaten, wie z.B. USA, Kanada, Australien).

Bestellung und innergemeinschaftliches Verbringen können direkt über die tierärztliche Hausapotheke oder eine öffentliche Apotheke erfolgen. Bei Verbringen von Betäubungsmitteln gelten die Vorschriften der Betäubungsmittel-Außenhandelsverordnung. Daher ist es empfehlenswert, Betäubungsmittel über eine öffentliche Apotheke oder den pharmazeutischen Großhandel aus dem Ausland zu beziehen. Das Verbringen von Tierarzneimitteln kann im Bedarfsfall auch auf Vorrat für die vom Tierarzt zu behandelnden Tiere erfolgen.
Jedes Verbringen ist der für die Überwachung der tierärztlichen Hausapotheken zuständigen Behörde unverzüglich nach der Bestellung anzuzeigen (s. Muster Abb. 3).

Herstellung

Die Vorschriften des § 56a AMG sind nicht nur irrelevant für freiverkäufliche Fertigarzneimittel, sondern auch für die dem Tierarzt noch erlaubte Herstellung von Arzneimitteln aus freiverkäuflichen Wirkstoffen. Daher sind in den Tabellen auch freiverkäufliche Wirkstoffe aufgeführt, die der Tierarzt als Rohstoffe beziehen darf, um daraus selbst Arzneimittel herzustellen. Die Herstellung aus apotheken- und verschreibungspflichtigen Rohstoffen ist **in der tierärztlichen Hausapotheke** genau wie der Bezug dieser Stoffe durch den Tierarzt **verboten**. Allerdings kann im Falle eines Therapienotstandes auf der **4. Stufe** der Umwidmungskaskade eine **Herstellung auf tierärztliche Verschreibung in einer öffentlichen Apotheke** erfolgen.
Eine **Vermischung von Fertigarzneimitteln** (**§ 13 Abs. 2c AMG**) ist nur statthaft, wenn diese selbst vom Tierarzt an den von ihm behandelten Tieren angewendet werden. Die Abgabe an den Tierhalter ist nicht erlaubt.

Anzeige über das Verbringen von Tierarzneimitteln in den Geltungsbereich des Arzneimittelgesetzes gemäß § 73 Absatz 3b AMG

Sehr geehrte Damen und Herren,

hiermit zeige ich gemäß § 73 Absatz 3b AMG das Inverkehrbringen des/der nachfolgend genannten Tierarzneimittel(s) an.

Angaben zum Tierarzneimittel	
Bezeichnung	
Wirkstoffe nach Art und Menge	
Bestellte Menge	
Herkunft (Staat)	
Angaben zur Anwendung des Tierarzneimittels	
Tierart (Zieltierart)	
Anwendungsgebiet	

Für Rückfragen stehe ich Ihnen gern zur Verfügung.

Mit freundlichen Grüßen

....

Ort, Datum Unterschrift des Tierarztes

Abb. 3 Anzeige über das Verbringen von Tierarzneimitteln

Tierartliche Besonderheiten mit Bedeutung für die Arzneimittelwahl

„Kleinsäuger sind keine kleinen Katzen und Hunde"!

Kleinsäuger unterscheiden sich von Hunden und Katzen teilweise sehr stark in ihrer Physiologie und Pathologie. Werden die Kleinsäuger bei der Interpretation von diagnostischen Befunden und v. a. der Wahl der Therapeutika mit Hunden und Katzen gleichgestellt, können fatale Behandlungsfehler die Folge sein. Bei den Kleinsäugern unterscheidet man vier verschiedene Ordnungen: Rodentia, Lagomorpha, Eulipotyphla (früher Insectivora) und Carnivora (s. Tab. 1).

Der größte therapeutisch relevante Unterschied zwischen diesen Ordnungen ist ihre Verdauungsphysiologie und dadurch bedingt v. a. ihre Empfindlichkeit gegenüber bestimmten Medikamenten. Am empfind-

Tab. 1 Klassifikation der Kleinsäuger in vier Ordnungen.

Ordnung (O)/Unterordnung (UO)/Familie (F)			Ernährungsphysiologische Zuordnung
O		Nagetiere (Rodentia)	granivor
	UO	Hörnchenverwandte	
		F Hörnchen (Streifen-, Eichhörnchen, Murmeltier)	
	UO	Mäuseverwandte (Myomorpha)	granivor (partiell insectivor)
		F Wühler (**Hamster**)	
		F Mäuse (**Maus, Ratte, Gerbil**)	
	UO	Stachelschweinverwandte (Hystricomorpha)	herbivor/folivor
		F **Chinchilla**	
		F **Meerschweinchen**	
		F **Degu**	
O		Hasenartige (Lagomorpha)	herbivor/folivor
		F Hasenähnliche (Hase, **Kaninchen**)	
O		Fleischfresser (Carnivora)	carnivor (partiell omnivor)
		F Marderartige (**Frettchen**, Skunk etc.)	
O		Insektenfresser (Eulipotyphla)	insectivor
		F Igelartige (**Igel**)	

lichsten von allen Kleinsäugern sind die **Herbivoren**, also die Lagomorpha (Hasen und Kaninchen) und die Stachelschweinverwandten (Chinchillas, Degus und Meerschweinchen). Sie besitzen einen langen Verdauungstrakt mit einem großen Caecum, in dem die Zellulose mikrobiell aufgeschlossen wird. Die Darmflora ist bei diesen Kleinsäugern überwiegend grampositiv und sehr anfällig für Störungen. Entscheidend für den Erfolg und auch das Überleben eines Herbivoren ist daher die Aufrechterhaltung der Magen-Darm-Tätigkeit durch Sicherstellung einer ausreichenden Futteraufnahme (Ausnahme: Ileusverdacht). Ohne Fütterung können sich schon nach 1–2 Tagen eine fatale Leberlipidose und sekundäre Dysbakterie mit nachfolgender Hypomotilität und Tympanie entwickeln. Stehen keine Fertigprodukte zur Verfügung, können übergangsweise rohfaserreiche Pellets aufgelöst werden. Babybreie auf Gemüse- und Getreidebasis sind aufgrund ihres zu geringen Rohfasergehalts für den Vorschub bei Herbivoren eher ungeeignet und sollten allenfalls in geringen Mengen als Geschmacksverstärker zugesetzt werden. Milchbreie dürfen nur bei noch nicht abgesetzten Jungtieren verwendet werden, da sie keine Rohfaser enthalten und die Laktose eine Fehlgärung fördert. Zusätze von Präbiotika (z. B. Pektin) und Probiotika (z. B. Laktobakterien) können die Darmflora unterstützen. Wirkstoffe wie Metoclopramid und Cisaprid steigern in geringem Maße die Magenmotilität (Cisaprid auch die Darmmotilität) und wirken antiemetisch. Analgetika sind indiziert, wenn Schmerz vermutet wird. Bei Herbivoren verursachen gastrointestinale Störungen vor allem Dehnungsschmerz durch Überladung und Tympanie; bei Fleischfressern oder Pferden sind es meist Krampfkoliken, die die Schmerzen auslösen. Mittel der Wahl ist in Deutschland Metamizol (steht im englischsprachigen Raum nicht zur Verfügung). Spasmolytika wie Butylscopolamin bewirken eine Erschlaffung der ohnehin schon überdehnten Muskulatur und verstärken die Hypomotilität, sodass sie kontraindiziert sind. Nichtsteroidale Antiphlogistika (Meloxicam, Carprofen) sind Mittel der Wahl bei Schmerzen, die von Knochen, Verletzungen oder Entzündungen ausgehen. Als Cyclooxygenase- und somit Prostaglandininhibitoren wirken sie zentral und peripher. Obwohl sie von Kleinsäugern meist sehr gut vertragen werden (Risiko von Magenulzerationen eher gering), können sie im Falle von

Hypovolämie und eingeschränkter Nierenfunktion auch bei Kleinsäugern akkumulieren und dadurch die glomeruläre Filtrationsrate und somit die Nierenfunktion weiter verschlechtern. Vor ihrer Gabe sollte der Patient daher zunächst rehydriert werden und die Nierenfunktion sichergestellt sein (Nierenfunktionsparameter, spezifisches Gewicht). Opioide (Butorphanol, Buprenorphin, Fentanyl) dürfen in Deutschland nicht abgegeben werden und werden daher vorwiegend im operativen Bereich und zusätzlich bei sehr starken Schmerzen eingesetzt. Wegen des Fehlens von Metamizol werden sie im englischsprachigen Raum häufiger eingesetzt.

Antibiotika mit vorwiegend grampositivem Spektrum (sog. „PLACE-Regel" [Penicilline, Lincomycin, Ampicillin, Amoxicillin, Cephalosporine, Clindamycin, Erythromycin]) sollten bei Kaninchen nur in Ausnahmefällen und nur parenteral sowie bei Meerschweinchen, Chinchillas und Hamstern gar nicht verwendet werden, da sie durch nachhaltige Schädigung der Darmflora Enteritis und Enterotoxämie verursachen können. Auf Antibiotika mit Langzeitwirkung sollte bei Kleinsäugern verzichtet werden, da nach aktuellem Wissensstand davon ausgegangen werden muss, dass ihre Wirksamkeit bei Kleinsäugern deutlich kürzer ist (maximal 1–2 Tage). Bei der Dosierung von Arzneimitteln müssen der Füllungszustand des Magen-Darm-Trakts und der Körperfettanteil berücksichtigt werden. Ist der Gastrointestinaltrakt stark gefüllt und/oder das Tier sehr adipös, muss ein Teil des Körpergewichts abgezogen und die Dosierung somit niedriger angesetzt werden, um eine Überdosierung zu vermeiden.

Glukokortikoide sollten bei Kaninchen vermieden werden. Bereits kleine Einmalgaben (subkutan, oral, okulär oder auch aurikulär gegeben!) wirken speziell bei den als kortikosteroidempfindlich geltenden Kaninchen nicht nur immunsuppressiv, sondern ggf. auch toxisch, v. a. auf Leber (Fett- und Glykogeneinlagerung, Vakuolisierung, hydropische Degeneration, Gallengangsproliferation), lymphatische Organe (Atrophie), Nebennieren und andere Organe (Gastritis, Magenulzeration). Zudem haben Studien gezeigt, dass Kaninchen bei Steroidgaben anfälliger für

Infektionen sind, sich langsamer erholen und Antibiotika weniger wirksam sind.
Die **Rodentia** stellen eine große, uneinheitliche Gruppe dar. Sowohl die Hörnchenverwandten als auch die Mäuseverwandten gelten als primär **granivor**. Sie haben einen kurzen Verdauungstrakt, der weitgehend unabhängig von der bakteriellen Besiedelung in der Lage ist, v. a. Kohlenhydrate zu verstoffwechseln. Mit Ausnahme des Hamsters, der auch relativ empfindlich auf bestimmte Antibiotika reagiert, sind sie deutlich unempfindlicher als die Herbivoren.

Carnivore Kleinsäuger sind Hund und Katze am ähnlichsten und können auch weitgehend so behandelt werden.

Insectivore (Igel) sind ebenfalls relativ unempfindlich gegenüber Arzneimittelnebenwirkungen. Allerdings haben einige Antiparasitika eine sehr geringe therapeutische Breite beim Igel, sodass Überdosierungen oder die Verabreichung an geschwächte, junge oder zu kleine Igel lebensbedrohlich sind. Igel überbrücken die kalte Jahreszeit durch einen Winterschlaf, in dem sie Herz- (von 180 auf 8 Schläge/min) und Atemtätigkeit (von 40–50 auf 3–4/min) sowie Körpertemperatur (von 36 °C auf minimal 5 °C) stark absenken. Durch diese Absenkung der Stoffwechselfunktionen werden Medikamente sehr schlecht verteilt und verstoffwechselt, weshalb Medikamente (außer körperwarmen Vollelektrolytinfusionen) erst nach Erreichen der Normaltemperatur (36 °C) verabreicht werden sollten.

Dosierungsvorschläge

Wirkstoff	Beispiele für Handelspräparate	Wirkung	Indikation
Acepromazin	*Niederlande*: Neurotranq (10 mg/ml Inj.-Lsg.) Ⓥ (Alfasan)	Antiemetikum, Neuroleptikum, Prokinetikum, Sedativum	a) Narkoseprämedikation, leichte Sedation b) Tranquilizer
Acepromazin + Butorphanol s. Butorphanol			
Acepromazin + Ketamin s. Ketamin			
Acetaminophen s. Paracetamol			
Acetylcystein (ACC)	Equimucin 2 g (333 mg/g Pulver) Ⓥ (CP-Pharma), Equimucin (200 mg/ml Inj.-Lsg.) Ⓥ (CP-Pharma)	Expektorans, Mukolytikum	Mukolyse, Sekretolyse
Acetylsalicylsäure	ASS (1 g/g Pulver) Ⓥ (KLAT-Chemie), Pyrinagil (1 g/g Pulver) Ⓥ (Veyx-Pharma), Suispirin (1 g/g Pulver) Ⓥ (aniMedica)	Hemmstoff der Prostaglandinsynthese, Thrombozytenaggregationshemmer, Analgetikum, Keratolytikum	a) Koagulationshemmung, Schmerzbekämpfung (Analgesie), Entzündungshemmung, Keratolyse b) Herzwurmbehandlung

Mögliche Nebenwirkungen, Besonderheiten	Kontraindikationen	Tierart, Dosierung
Kreislaufkollaps, Fotosensibilisierung, Allergie, Parasympatholyse, Hypothermie, Nickhautvorfall, Kombination mit Ketamin	Kreislauflabilität, Epilepsie, Intoxikation durch zentraldämpfende Pharmaka, **nicht bei Gerbilen anwenden** (Auslösung tonisch-klonischer Krämpfe)	a) **Chinchilla:** 0,5–1 mg/kg i.m. **Frettchen:** 0,1–0,25 (–0,5) mg/kg s.c., i.m. **Hamster:** 0,5–1 mg/kg i.m.; 0,5–5 mg/kg p.o. **Igel:** 0,1–1 mg/kg p.o., s.c., i.m. **Kaninchen:** 0,25–1 mg/kg i.m.; 1–5 mg/kg s.c. **Maus:** 0,5–1 mg/kg i.m.; 0,5–5 mg/kg p.o. **Meerschwein:** 0,5–1 mg/kg i.m.; 0,5–5 mg/kg p.o. **Ratte:** 0,5–2,5 mg/kg p.o., s.c., i.m. b) **Frettchen:** 0,2–0,5 mg/kg s.c., i.m.
Magen-Darm-Reizungen, schwere Fälle: Kombination mit Bromhexin; Flüssigkeitsaufnahme steigern	Asthma bronchiale; nicht zeitgleich mit Tetracyclinen und Cefalosporinen eingeben (2 Std. Versatz), nicht zusammen mit Antitussiva verwenden	**Frettchen, Kaninchen, Kleinnager:** 5 mg/kg p.o., s.c., 2–3 × tgl.; Inhalation: 0,1–0,2 ml 10%ige ACC-Lsg./10 ml 0,9%ige NaCl-Lsg.
Gastritis, Magenschleimhautblutungen, -ulcera, Tachypnoe mit respiratorischer Alkalose, Wechselwirkungen mit Antiphlogistika, Digoxin, Barbituraten, Sulfonamiden, Triiodthyronin	nicht mit Kortikosteroiden kombinieren; hämorrhagische Diathese, insbesondere Magenulzera; Diathese, Gastritis, Vorsicht bei Hepatopathie, Nephropathie, Gravitation, Laktation	a) **Chinchilla:** 100–200 mg/kg p.o., 3–4 × tgl. **Frettchen:** 0,5–22 mg/kg p.o., 1 × tgl. **Gerbil:** 100–150 mg/kg p.o., alle 4 Std.; 240 mg/kg p.o., 1 × tgl. **Hamster:** 100–150 mg/kg p.o., alle 4 Std.; 240 mg/kg p.o., 1 × tgl. **Kaninchen:** 10–100 mg/kg p.o., 2–3 × tgl.; 100 mg/kg p.o., alle 2 Tage; 5–20 mg/kg p.o., 1 × tgl.

Wirkstoff	Beispiele für Handelspräparate	Wirkung	Indikation
→ Acetylsalicylsäure			
Aciclovir	Zovirax (40 mg/ml Susp.) Ⓗ (GlaxoSmithKline), Aciclovir (200 mg/Tabl. u.a.) Ⓗ (Heumann)	Virustatikum	Herpes simplex
Adrenalin (Epinephrin)	a) Adrenalin (1 mg/ml Inj.-Lsg.) Ⓗ (Infectopharm), Suprarenin (1 mg/ml Inj.-Lsg.) Ⓗ (Sanofi-Aventis) u.a. b) InfectoKrupp Inhal (4 mg/ml Lsg., 1 Hub = 0,56 mg) Ⓗ (Infectopharm)	α-, β-Sympathomimetikum, blutdruckerhöhend	a) Herzstillstand, Reanimation (Narkosezwischenfälle) b) anaphylaktischer Schock
Aglepriston	Alizin (30 mg/ml Inj.-Lsg.) Ⓥ (Virbac)	Antigestagen	Pyometra, Endometritis

Mögliche Nebenwirkungen, Besonderheiten	Kontraindikationen	Tierart, Dosierung
		Maus: 100–150 (120) mg/kg p. o., alle 4 Std. **Meerschwein:** 50–100 mg/kg p. o., alle 4 Std. **Ratte:** 100 mg/kg p. o., alle 4 Std. b) **Frettchen:** 22 mg/kg p. o., 1 × tgl., über 3 Mon.
nicht bekannt	nicht bekannt	**Igel:** 40–100 mg/kg p. o., 1 × tgl.
ventrikuläre Arrhythmie, Hypertonie, Hyperglykämie	Hypertonie, Tachyarrhythmie, Herzinsuffizienz (außer Herzstillstand), Glaukom, letztes Trächtigkeitsdrittel, hgr. Niereninsuffizienz	a) **Frettchen:** 0,02 mg/kg s. c., i. m., i. v., i. t. **Igel:** 0,003 mg/kg i. v. **Kaninchen:** 0,2–0,4 mg/kg i. m., i. v., i. t. **Kleinnnager** (die meisten Arten): 0,01–0,1 mg/kg i. v. **Meerschwein:** 0,003–0,1 mg/kg i. v. b) **alle:** 0,5–1 µg/kg i. v. oder als DTI bis 100 µg/kg
nicht bekannt	nicht bekannt	**Gerbil:** 10 mg/kg s. c., 1 × tgl., über 2 Tage **Hamster:** 20 mg/kg s. c., 1 × tgl. am 1., 2. und 8. Behandlungstag zusätzlich zum Breitspektrumantibiotikum; 10 mg/kg s. c., 1 × tgl., über 2 Tage **Igel:** 10 mg/kg s. c., 1 × tgl., über 2 Tage zusätzlich zur antibiotischen Behandlung **Meerschwein:** 10 mg/kg s. c., 1 × tgl. am 1., 2. und 8. Behandlungstag zusätzlich zum Breitspektrumantibiotikum **Ratte:** 10 mg/kg s. c., 1 × tgl., über 2 Tage

Wirkstoff	Beispiele für Handelspräparate	Wirkung	Indikation
Albendazol	Albendazol (100 mg/ml Susp.) Ⓥ (aniMedica), Valbazen (19 mg/ml Susp., 100 mg/ml Susp.) Ⓥ (Elanco Animal Health)	Anthelminthikum	a) Giardiose b) Encephalitozoonose (*E. cuniculi*) c) disseminierte *Scedosporium*-Mykose
Alfentanil (BtM, Verschreibung nur für Praxisbedarf, keine Abgabe an Tierhalter)	Alfentanil (0,5 mg/ml Inj.-Lsg.) Ⓗ (hameln plus), Rapifen (0,5 mg/ml Inj.-Lsg.) Ⓗ (Janssen-Cilag)	synthetisches µ-Opioid, Analgetikum	intraoperative Analgesie
α-Tocopherol s. Vitamin E			
Alfaxalon	Alfaxan (10 mg/ml Inj.-Lsg.) Ⓥ (Albrecht)	Narkotikum, Neurosteroid	Injektionsnarkose, Kurznarkose Kombination von Alfaxalon [A] mit a) Butorphanol [B] b) Medetomidin [M] c) Xylazin [X]
Aluminiumhydroxid	Antacidum (500 mg/Tabl.) Ⓗ (Optimed)	Phosphatbindung	Hyperphosphatämie durch Niereninsuffizienz

Mögliche Nebenwirkungen, Besonderheiten	Kontraindikationen	Tierart, Dosierung
teratogen, Erbrechen, Durchfall, Inappetenz	Trächtigkeit	**Chinchilla:** a) 25 mg/kg p. o., 2 × tgl., über 2 Tage **Kaninchen:** b) 7,5–20 (–30) mg/kg p. o., 1 × tgl., über 3–14 Tage c) 50 mg/kg p. o., 1 × tgl. **Meerschwein:** b) 5 mg/kg p. o., 2 × tgl.
nicht bekannt	Überempfindlichkeit gegenüber Opioiden	**Kaninchen:** 0,03–0,07 mg/kg i. v., Wirkdauer 45 min
schwach ausgeprägte analgetische Wirkung **Ratte:** bei 30% der Tiere nach i. p.-Applikation keine Narkoseinduktion	nicht bekannt	**Chinchilla:** a) [A] 5 mg/kg + [B] 0,5 mg/kg i. m., Wirkdauer < 20 min **Frettchen:** 5–15 mg/kg i. m.; 8–12 mg/kg i. v. **Kaninchen:** 9–12 mg/kg i. m. **Maus:** 80 mg/kg i. p., Wirkdauer ca. 60 min; 80–100 mg/kg s. c., i. p. b) [A] 40–80 mg/kg + [M] 0,3 mg/kg + [B] 5 mg/kg s. c., Wirkdauer 35–85 min c) [A] 80 mg/kg + [X] 10 mg/kg i. p. **Meerschwein:** 40 mg/kg i. m., i. p. **Ratte:** 9–20 mg/kg i. p., Wirkdauer 20–60 min; 2–5 mg/kg i. v.
Darmhypomotilität	Hypophosphatämie, Obstipation	**Igel:** 100 mg/kg p. o. mit jeder Spritzenfütterung **Kaninchen:** 30–60 mg/kg p. o., 2–3 × tgl. **Kleinnager:** 20–40 mg/Tier p. o., 2–3 × tgl.

Wirkstoff	Beispiele für Handelspräparate	Wirkung	Indikation
Amantadin	Amantadin (0,4 mg/ml Inf.-Lsg.) Ⓗ (ratiopharm, Serag-Wiessner), PK-Merz (0,4 mg/ml Inf.-Lsg.) Ⓗ (Merz Pharmaceuticals), Amantadin (75,5 mg/Tabl.) Ⓗ (Hexal) u. a.	Virostatikum (experimentell antiviral)	Influenza
Amikacin	Amikacin (2,5 mg/ml/5 mg/ml/10 mg/ml Inf.-Lsg.) Ⓗ (B. Braun)	Aminoglykosid-Antibiotikum, bakterizides Breitspektrumantibiotikum	Infektionen durch *E. coli*, *Proteus*, Klebsiellen, Staphylokokken (BU)
Aminophyllin s. Theophyllin			
Amitraz	kein geeignetes veterinärmedizinisches Monoarzneimittel in Deutschland verfügbar	Antiparasitikum	Ektoparasitosen einschließlich *Sarcoptes*-Räude, Demodikose

Mögliche Nebenwirkungen, Besonderheiten	Kontraindikationen	Tierart, Dosierung
selten anaphylaktische Reaktionen	nicht kompensierte Herzinsuffizienz (Kardiomyopathie, AV-Block II und III, Bradykardie)	**Frettchen:** 6 mg/kg als Aerosol, 2 × tgl.; 3–5 mg/kg p.o.
niedrige Nephrotoxizität, **Frettchen:** potenziell ototoxisch und nephrotoxisch	resistente Erreger (BU)	**Chinchilla:** 10 mg/kg s.c., i.m., i.v., 2 × tgl. **Frettchen:** 10–15 mg/kg s.c., i.m., i.v., 1–3 × tgl. **Gerbil:** 10 mg/kg s.c., i.m., i.v., 2 × tgl. **Hamster:** 10 mg/kg s.c., i.m., 2 × tgl. **Igel:** 2,5–5 mg i.m., 2–3 × tgl. **Kaninchen:** 5–10 mg/kg s.c., i.m., 2–3 × tgl.; 8–16 mg/kg s.c., i.m., 1 × tgl.; 8–16 mg/kg i.v. über 20 min in 4 ml/kg isotonischer NaCl-Lsg., 1 × tgl. **Maus:** 10 mg/kg s.c., i.m., 2 × tgl. **Meerschwein:** 10–15 mg/kg s.c., i.m., 1–3 × tgl. **Ratte:** 10 mg/kg s.c., i.m., 2 × tgl.
Sedation, Hypotension, Bradykardie, Hypothermie, Erbrechen, Hyperglykämie, Handschuhe tragen!	Glaukom, **nicht bei trächtigen und säugenden Tieren, Jungtieren und Kaninchen anwenden**	**Chinchilla, Gerbil, Hamster, Maus, Ratte:** 0,028%ige Badelsg. (0,28 mg /ml = 5,6 ml Ectodex/l), alle 1–2 Wo., 3–6 Behandl. **Frettchen:** unverdünnte Lsg. (50 mg/ml) lokal, alle 1–2 Wo., 3–6 Behandl.; sekundäre Demodikose: 0,0125%ige Lsg. (= 0,125 mg/ml) alle 7 Tage, 3 Behandl., anschl. 0,0375%ige Lsg. (= 0,375 mg/ml) alle 7 Tage, 3 Behandl.

Wirkstoff	Beispiele für Handelspräparate	Wirkung	Indikation
→ Amitraz			
Amlodipin	Amodip (1,25 mg/Tabl.) Ⓥ (Ceva)	blutdrucksenkendes Pharmakon, Calciumkanalblocker	Hypertonie
Ammoniumbituminosulfonat (Ichthyol)	Bitulfonsalbe (500 mg/g Salbe) Ⓥ 🄺 [Me] (Alvetra, aniMedica), Phlegmodolor (400 mg/g/500 mg/g Salbe) Ⓥ 🄺 [Me] (WDT), Ursolan-Zugsalbe (500 mg/g Salbe) Ⓥ 🄺 [Me] (MEDISTAR, Serumwerk Bernburg), Wedederm Wundsalbe (100 mg/g Salbe) Ⓥ 🄺 [Me] (WDT)	Schieferölsulfonat, „Zugsalbe"	Abszessreifung, Furunkulose, Phlegmone, Dekubitus, Ekzem
Amoxicillin	Amox 15 % (150 mg/ml Inj.-Susp.) Ⓥ (Bremer Pharma), Amox 50 (50 mg/Tabl.) Ⓥ (CP-Pharma), Vetrimoxin-Paste (20 mg/ml Paste) Ⓥ (CEVA), Vetrimoxin-Pulver (1000 mg/g Pulver) Ⓥ (CEVA) u. a., Duphamox LA (150 mg/ml Inj.-Susp.) Ⓥ (Zoetis)	β-Lactamantibiotikum, Aminopenicillin, bakterizides Breitspektrumantibiotikum	a) Infektionen durch grampositive oder -negative Bakterien (nach Antibiogramm) b) *Treponema*-Infektionen c) *Helicobacter*-Infektionen (in Kombination mit Metronidazol und Bismuthsubsalicylat)
Amoxicillin [A] + Clavulansäure [C]	Amoxiclav (40 mg A + 10 mg C/Tabl.) Ⓥ (CP-Pharma), Clavaseptin (40 mg A + 10 mg C/Tabl.) Ⓥ (Vétoquinol), Synulox (40 mg A + 10 mg C/Tabl.,	Clavulansäure: β-Lactamase-Hemmer ohne eigene antibakterielle	s. Amoxicillin

Mögliche Nebenwirkungen, Besonderheiten	Kontraindikationen	Tierart, Dosierung
		Igel: 0,3%ige Lsg. (= 3 mg/ml = 0,06 ml Ectodex/ml), alle 7 Tage, 2–3 Behandl.; 0,05%ige Badelsg. (0,5 mg/ml = 10 ml Ectodex/l) **Meerschwein:** 0,3%ige Lsg. (= 3 mg/ml = 0,06 ml Ectodex/ml) lokal, alle 7–14 Tage, 3–6 Behandl.
Erbrechen, Anorexie, Diarrhoe, Lethargie, Dehydratation, hyperplastische Gingivitis (Katze)	kardiogener Schock, schwere Aortenstenose, schwere Leberinsuffizienz	**Frettchen:** 0,2–0,4 mg/kg p. o., 2 × tgl.
Kontaktallergie	flächenhafte Hautveränderungen, Überempfindlichkeit gegen Schieferöl, nicht auf Schleimhäute auftragen	lokal auftragen
selten Magen-Darm-Störungen, Neurosen, Allergie	Penicillinüberempfindlichkeit, Resistenz gegen Penicilline, Oligurie bei Niereninsuffizienz, **nicht bei Meerschwein, Chinchilla, Hamstern anwenden, bei Kaninchen mit Vorsicht,** nicht p. o. (Enteritis, Enterotoxämie)	a) **Frettchen:** 20 mg/kg p. o., s. c., 2 × tgl. **Igel:** 15 mg/kg p. o., s. c., i. m., 2 × tgl. **Maus:** 100 mg/kg s. c., 1 × tgl.; 150 mg/kg p. o., 1–2 × tgl. **Ratte:** 10–25 mg/kg p. o., 2 × tgl.; 100–150 mg/kg i. m., s. c b) **Kaninchen:** 20 mg/kg s. c., jeden 2. Tag c) **Frettchen:** 30 mg/kg p. o., 3 × tgl., über 21 Tage
s. Amoxicillin	s. Amoxicillin	**Frettchen:** 10–20 mg/kg [A]/[C] im Verhältnis 4 : 1 p. o., 2–3 × tgl.; 20 mg/kg [A]/[C] im Verhältnis 4 : 1 s. c., i. m., 1 × tgl.

Wirkstoff	Beispiele für Handelspräparate	Wirkung	Indikation
→ Amoxicillin [A] + Clavulansäure [C]	40 mg A + 10 mg C/ml Susp., 140 mg A + 35 mg C/ml Inj.-Susp.) Ⓥ (Zoetis)	Wirkung, nur in Kombination mit Aminopenicillinen	
Amphotericin B	AmBisome (50 mg Pulver zur Herst. einer Inf.-Lsg.) Ⓗ (GILEAD), Ampho-Moronal (100 mg/ml Susp.) Ⓗ (Dermapharm), Amphotericin B (50 mg Pulver zur Herst. einer Inf.-Lsg.) Ⓗ (Bristol-Myers Squibb)	Polyenantibiotikum, Antimykotikum, (fungistatisch, in hohen Dosen fungizid)	a) Kryptokokkose, Histoplasmose, Penicilliummykose, Mucormykosen, Kokzidioidomykose b) Blastomykose c) invasive Aspergillose d) Candidiasis
Ampicillin	Ampi-Dry (100 mg/ml Inj.-Lsg.) Ⓥ (Veyx-Pharma), Ampicillin-Dosierer (50 mg/g Salbe) Ⓥ (CP-Pharma u. a.), Ampicillin-t (154 mg/g Pulver) Ⓥ (Chevita), Ampitab (380 mg/ml Susp.) Ⓥ (Vétoquinol)	β-Lactamantibiotikum, Aminopenicillin, bakterizides Breitspektrumantibiotikum	Infektionen durch grampositive oder -negative Bakterien (nach Antibiogramm)
Amprolium	Coccibal (200 mg/ml Lsg.) Ⓥ (Bela-Pharm), Eimeryl (200 mg/ml Lsg.) Ⓥ (Virbac)	Kokzidiostatikum	Kokzidiose

Mögliche Nebenwirkungen, Besonderheiten	Kontraindikationen	Tierart, Dosierung
		Igel: 12,5 mg/kg [A]/[C] im Verhältnis 4 : 1 p. o., 2 × tgl. **Maus:** 20 mg/kg p. o., 2 × tgl. **Ratte:** 20 mg/kg p. o., 2 × tgl.
nephro- und hepatotoxisch, Fieber, Anorexie, Arrhythmie, Anaphylaxie, Hämolyse, Phlebitis, neurologische Störungen, Gefäßwandschädigung; in Kombi mit Fluconazol einsetzbar b) wegen Azotämiegefahr Blutkontrolle	Nephropathien, Hypersensitivität, bei Oberflächenmykosen nicht parenteral anwenden, **bei Mäusen mit Vorsicht** wegen renaler Toxizität	**Kaninchen:** 1 mg/kg i. v., 1 × tgl. **Maus:** 0,11 mg/kg s. c., 2–3 × tgl. (*cave* Niereninsuffizienz) a) **Kleinnager** (die meisten Arten, Histoplasmose): 0,1–1 mg/kg i. v., 1 × tgl., über 5 Tage/Wo., über 3 Wo. a) **Meerschwein:** 1,25–2,5 mg/kg s. c., 1 × tgl. b) **Frettchen:** 0,4–0,8 mg/kg i. v., jeden 7. Tag (Gesamtdosis 7–25 mg) c) **Kaninchen:** 1 mg/kg i. v., 1 × tgl. (liposomal 5 mg/kg) d) **Maus:** 0,43 mg/kg p. o. (s. o.)
sehr gut verträglich, selten Überempfindlichkeit	Resistenz gegen Ampicillin; **nicht bei Meerschwein, Chinchilla, Hamster anwenden, bei Kaninchen mit Vorsicht**, nicht p. o. (Enteritis, Enterotoxämie)	**Frettchen:** 5–30 mg/kg s. c., i. m., i. v., 2–3 × tgl. **Gerbil:** 6–30 mg/kg p. o., 3 × tgl.; 20–100 mg/kg p. o., s. c., i. m., 3 × tgl. **Igel:** 10 mg/kg p. o., i. m., 2 × tgl. **Maus:** 20–100 mg/kg p. o., s. c., i. m., 2 × tgl. **Ratte:** 20–100 mg/kg p. o., s. c., i. m., 3 × tgl.
gute Verträglichkeit, bei Überdosierung zerebrokortikale Nekrosen durch Thiaminmangel	nicht bekannt	**Chinchilla:** 10–15 mg/kg Tagesdosis s. c., i. m., i. v., auf 1–3 Einzeldosen aufzuteilen **Frettchen:** 19 mg/kg p. o., 1 × tgl.; 100 mg/kg p. o. über Futter oder Wasser, über 7 Tage **Kaninchen:** 100 mg/l Trinkwasser über 10 Tage; 125 mg/l Trinkwasser über 21 Tage

Wirkstoff	Beispiele für Handelspräparate	Wirkung	Indikation
Anastrozol	Arimidex (1 mg/Tabl.) Ⓗ (AstraZeneca)	Aromatasehemmer, Östrogeninhibitor	Hyperadrenokortizismus
Apomorphin	Apomorphinhydrochlorid-Lösung 0,5 % (5 mg/ml Inj.-Lsg.) Ⓥ (Albrecht, WDT), Emedog (1 mg/ml Inj.-Lsg.) Ⓥ (Ecuphar)	zentrales Emetikum (morphinähnlich), Dopaminantagonist	Erbrechen auslösen zur Therapie nach oraler Giftaufnahme
Asparaginase s. L-Asparaginase			
Atenolol	Atenolol (25 mg/Tabl.) Ⓗ (zahlreiche Hersteller) u.a.	Sympatholytikum, Betarezeptorenblocker, kardioselektiv, blutdrucksenkend	hypertrophe Kardiomyopathie
Atipamezol	Antisedan (5 mg/ml Inj.-Lsg.) Ⓥ (Vétoquinol), Atipam (5 mg/ml Inj.-Lsg.) Ⓥ (Albrecht), Revertor (5 mg/ml Inj.-Lsg.) Ⓥ (CP-Pharma) u.a.	α_2-Antagonist, Antagonist gegen Xylazin, Medetomidin und Dexmedetomidin	Aufhebung der Sedation durch α_2-Agonisten wie Medetomidin, Dexmedetomidin oder Xylazin
Atracuriumbesilat	Atracurium (10 mg/ml Inj.-Lsg.) Ⓗ (hameln plus, HEXAL, Hikma Pharma)	Muskelrelaxans	intraokuläre Eingriffe

Mögliche Nebenwirkungen, Besonderheiten	Kontraindikationen	Tierart, Dosierung
hepatotoxisch (Therapie unter Blutbildkontrolle)	*cave*: schwangere Tierbesitzer (teratogen)	**Frettchen:** 0,1 mg/kg p. o., 1 × tgl., bis klinische Symptome verschwinden, fortsetzen mit 7 Tagen Behandl., 7 Tagen Pause etc.
Hypotension, Sedation, Kreislaufinsuffizienz	Bewusstlosigkeit, Koma, Kreislaufinsuffizienz, Ösophagusobstruktion, -lähmung, Intoxikationen mit Säuren, Laugen oder Ätzmitteln	**Frettchen:** 0,7 mg/kg s. c.; 5 mg/kg s. c. (Exzitation möglich)
Sedation, Bradykardie, Hypotonie, Bronchospasmus, Durchfall	Herzinsuffizienz, -arrhythmie, Bradykardie, Gravidität, Vorsicht bei Insulinbehandlung!	**Frettchen:** 3,125–6,25 mg/kg p. o., 1 × tgl.; 6,25 mg/Tier p. o., 1 × tgl. **Kleinnager** (die meisten Arten): 0,2–2 mg/kg p. o., 1 × tgl. **Maus:** 2–10 mg/kg i. v., i. p., 1 × tgl.
bei Überdosis Tachykardie, Hyperaktivität, Muskeltremor, kurzfristig Hypotonie	Gravidität, Hepato-, Nephropathien	**Chinchilla:** 1 mg/kg s. c., i. p. **Frettchen:** 0,4 mg/kg i. m.; 1 mg/kg s. c., i. v., i. p. **Gerbil:** 1 mg/kg s. c., i. m., i. v., i. p. **Hamster:** 1 mg/kg s. c., i. m., i. p. **Igel:** 1 mg/kg s. c., i. m., i. v., i. p., 1 ×; 0,3–1 mg/kg i. m. **Kaninchen:** 0,25 mg/kg i. v., 0,5 mg/kg s. c., i. m., 1 mg/kg s. c., i. m., i. v., i. p. bzw. 5-fache Dosis von Medetomidinhydrochlorid (in mg) s. c., i. v., i. p.; 10-fache Dosis von Dexmedetomidinhydrochlorid (in mg) s. c., i. v., i. p. **Maus:** 1 mg/kg s. c.; 1–2,5 mg/kg i. p. **Meerschwein:** 1 mg/kg s. c. **Ratte:** 1 mg/kg s. c.
Tachykardie, Hypotonie, Bronchospasmus	Hypovolämie, schwere Herz-Kreislauf-Krankheiten	**Kaninchen:** 0,1 mg/kg i. v.

Wirkstoff	Beispiele für Handelspräparate	Wirkung	Indikation
Atropin	Atropin-POS (5 mg/ml Augentr. = 0,5 %) Ⓗ (Ursapharm), Atropinum sulfuricum (0,25 mg/ml Inj.-Lsg. u. a.) Ⓗ (Eifelfango)	Parasympatholytikum	a) Narkoseprämedikation b) Sinusbradykardie c) Organophosphatvergiftung d) Mydriasis e) Hypersalivation (nur bei Meerschwein bei Inhalationsanästhesie, andere eher Eindickung des Sekrets)
Azathioprin	Azathioprin (25 mg/Tabl. u. a.) Ⓗ (HEXAL, ratiopharm, STADApharm u. a.)	Immunsuppressivum	Autoimmunkrankheiten, chronische Hepatitis
Azithromycin	Azithromycin (250 mg/Tabl., 40 mg/ml Lsg.) Ⓗ (Aliud), Azyter (15 mg/g) Ⓗ (Théa Pharma)	Makrolid, bakteriostatisches Mittelbandspektrumantibiotikum	Infektionen durch grampositive Bakterien, gramnegative Kokken, Mykoplasmen (Antibiogramm) a) Konjunktivitis

Mögliche Nebenwirkungen, Besonderheiten	Kontraindikationen	Tierart, Dosierung
Tachykardie, Sekretionshemmung (Speichel, Magensaft, Bronchien), Magen-Darm-Hypomotilität, Bronchodilatation, Harnblasenatonie, Mydriasis, intraokuläre Drucksteigerung, bei topischer Anw. systemischer Effekt möglich; bis zu 50 % der Kaninchen und manche Ratten besitzen eine Atropinesterase, die Atropin deaktiviert c) mögliche Herztachyarrhythmie, bes. beim Meerschwein	Glaukom; *cave* bei Verwendung von Augentropfen bei Albinoaugen	**Chinchilla:** 0,1–0,2 mg/kg s. c., i. m. **Frettchen:** a, b, e) 0,04–0,05 mg/kg s. c., i. m., i. v. b) 0,02–0,04 mg/kg s. c., i. m.; 0,1 mg/kg i. t. c) 5–10 mg/kg s. c., i. m, **Gerbil:** 0,4–0,5 mg/kg s. c., i. m. **Hamster:** 0,02–0,05 mg/kg s. c., i. m. **Igel:** a) 0,01–0,05 mg/kg s. c., i. m. b) 0,05–0,2 mg/kg s. c. **Kaninchen:** a) 0,1–0,5 mg/kg s. c., i. m.; 0,1–3 mg/kg s. c., 0,8–1 mg/kg i. m. c) 10 mg/kg s. c., alle 20 min d) 1 %ige Lsg. topisch, 2 × tgl. **Kleinnager:** a) 0,05–0,1 mg/kg s. c., i. m. c) <10 mg/kg s. c., alle 20 min **Meerschwein:** 0,1–0,2 mg/kg s. c., i. m. e) 0,04 mg/kg i. m. **Ratte:** 0,1 mg/kg s. c.
Knochenmarksdepression (Leukopenie, Thrombozytopenie, Anämie), erhöhte Infektanfälligkeit, Erbrechen, Durchfall, Inappetenz, teratogen; Therapie unter Blutbildkontrolle	Knochenmarks-, Leberschädigung, akute Infektionsgefahr, Trächtigkeit	**Frettchen:** 0,9 mg/kg p. o., alle 1–3 Tage
nicht bekannt	Überempfindlichkeit gegen Makrolidantibiotika	**Frettchen:** 5 mg/kg p. o., 1 × tgl. **Kaninchen:** 4–5 mg/kg i. m., alle 48 Std., über 7 Tage; 15–30 mg/kg p. o., 1 × tgl., über 15 Tage a) topisch am Auge 2 × tgl., über 2 Tage, anschl. 1 × tgl., über 5 Tage **Kleinnager** (die meisten Arten): 15–30 mg/kg p. o., 1 × tgl.

Wirkstoff	Beispiele für Handelspräparate	Wirkung	Indikation
→ Azithromycin			
Bacitracin-Zink	Bacivet (4200 I. E./g Pulver) Ⓥ 🄺 (Albrecht, Huvepharma)	Polypeptid, bakterizides Mittelbandspektrumantibiotikum	epizootische Enterocolitis im Zusammenhang mit *Clostridium-perfringens*-Infektion
Bariumsulfat (als Rohstoff apothekenpflichtig)	Barilux GI (965 mg/g Pulver) Ⓗ (Sanochemia), Micropaque Flüssig (1 g/ml Susp.) Ⓗ (Guerbet) u. a.	Kontrastmittel, wasserunlöslich	Kontrastuntersuchung von Ösophagus und Magen-Darm-Trakt
Benazepril	Benadog Flavour (2,5 mg/Filmtabl. u. a.) Ⓥ (Albrecht), Benakor (2,5 mg/Tabl. u. a.) Ⓥ (CP-Pharma), Benefortin Flavour (2,5 mg/Tabl. u. a.) Ⓥ (Boehringer Ingelheim), Fortekor Gourmet (2,5 mg/Tabl. u. a.) Ⓥ (Elanco Animal Health),	ACE-Hemmer	Hypertonie, kongestive Herzinsuffizienz, Mitralklappeninsuffizienz
Benzylpenicillin (Natrium-, Kaliumsalz)	Penicillin-G-Natrium (300.000 I. E./ml Inj.-Lsg.) Ⓥ (Albrecht, bela-pharm, Selectavet)	β-Lactam-Antibiotikum, bakterizid, Mittelbandspektrumantibiotikum	a) Infektionen durch grampositive oder -negative Bakterien, außer gramnegative Stäbchen; mit Dihydrostreptomycin zusätzlich gramnegative Stäbchen (nach Antibiogramm) b) Kaninchensyphilis (*Treponema cuniculi*)

Mögliche Nebenwirkungen, Besonderheiten	Kontraindikationen	Tierart, Dosierung
		Maus: 50 mg/kg p.o., 2 × tgl., über 14 Tage; 75 mg/kg i.p., 1 × tgl., über 5 Tage **Ratte:** 50 mg/kg p.o., 2 × tgl., über 14 Tage
nicht bekannt	Überempfindlichkeit gegen Bacitracin	**Kaninchen:** 420 I. E./kg/Tag über das Trinkwasser, über 14–21 Tage
bei Überladung mit Ileusverdacht zunächst mit kleiner Menge (2–5 ml/kg) Durchgängigkeit sicherstellen	nicht anwenden bei Verdacht auf Magen-Darm-Perforation, Schluckstörungen (Aspirationsgefahr)	**Frettchen:** 2–15 ml/kg 20%ige Susp. p.o. **Chinchilla, Kaninchen, Meerschwein:** 10–4 (–30) ml/kg 20–30%ige Susp. p.o.
große pharmakologische Breite, anfangs Hypotonie, Müdigkeit, vorübergehend Azotämie möglich	Mitralklappen-, Aortenstenose	**Frettchen:** 0,25–0,5 mg/kg p.o., 1 × tgl. **Kaninchen:** 0,25–0,5 mg/kg p.o., 1 × tgl. **Kleinnager** (die meisten Arten): 0,05–0,25 mg/kg p.o., 1 × tgl.
bisweilen allergische Reaktion	resistente Erreger v.a. β-Lactamasebildner wie *S. aureus* (BU!); **nicht bei Meerschwein und Chinchilla anwenden**, bei **Kaninchen** nicht p.o.	a) **Frettchen:** 20.000 I. E./kg s.c., i.m., i.v., 2 × tgl.; 40.000 I. E./kg s.c., i.m., i.v., 1 × tgl. **Maus:** 60.000 I. E./kg i.m., 2 × tgl. **Ratte:** 50.000 I. E./kg i.m., 2 × tgl., alle 4–6 Std. b) **Kaninchen:** 40.000 I. E./kg s.c., i.m., 1 × tgl., über max. 4–5 Tage

Wirkstoff	Beispiele für Handelspräparate	Wirkung	Indikation
Benzylpenicillin (Langzeit; Procainsalz [BP] und Benzathinsalz [BB], auch in Kombi mit Dihydrostreptomycin [D])	Procain-Penicillin-Susp. (300.000 I. E. BP/ml Inj.-Susp.) Ⓥ (Albrecht), Procain-Penicillin-G (300.000 I. E. BP/ml Inj.-Susp.) Ⓥ (bela-pharm, WDT), Belamycin (149,9 mg BP + 127 mg BB/ml Inj.-Susp.) Ⓥ (bela-pharm), Streptocombin (200 mg BP + 257 mg D/ml Inj.-Susp.) Ⓥ (Albrecht) u. a.	s. oben	s. oben
Betamethason	Celestovet (12 mg/ml Inj.-Lsg. u. a.) Ⓥ (Intervet), Dermatika: Isaderm (1 mg + 5 mg Fusidinsäure/g Gel u. a.) Ⓥ (Albrecht)	Glukokortikoid, halogeniert	Allergie, nichtinfektiöse Entzündung, Immunsuppression
Betaxolol	Kerlone (20 mg/Filmtabl.) Ⓗ (Sanofi-Aventis), Betoptima (5 mg/ml Augentr.) Ⓗ (Novartis Pharma)	b_1-Adrenolytikum	Glaukom, Verringerung des Augeninnendrucks
Bicalutamid	Bicalutamid (50 mg/Filmtabl. u. a.) Ⓗ (HEXAL, ratiopharm, STADApharm u. a.)	antiandrogen, nichtsteroidal, Testosteroninhibitor, kompetitiver Androgeninhibitor	Hyperadrenokortizismus, Prostatakarzinom
Bismuthsubsalicylat s. Wismuth(sub)salicylat			
Bleomycin	Bleo-cell (15.000 I. E. Lyophilisat) Ⓗ (STADApharm) u. a.	Antibiotikum; polyzyklisches, zytotoxisches Zytostatikum (Mitosehemmer), phasenunabhängig	Plattenepithelkarzinom

Mögliche Nebenwirkungen, Besonderheiten	Kontraindikationen	Tierart, Dosierung
s. oben	s. oben	**Gerbil:** 22.000 I. E/kg i.m., 1 × tgl. **Hamster:** 22.000 I. E/kg i.m., 1 × tgl. **Igel:** 40.000–60.000 I. E/kg s.c., i.m., 1 × tgl., über 3–5 Tage; 60.000 I. E/kg s.c., bis zu 5 × alle 48 Std. **Kaninchen:** 40.000–84.000 I. E./kg s.c., i.m., 1–2 × tgl., über 5–7 Tage **Maus:** 22.000 I. E/kg i.m., 1 × tgl. **Ratte:** 22.000 I. E/kg i.m., 1 × tgl.
ACTH-, NNR-, Immunsuppression, nur geringe Mineralokortikoidwirkung, Langzeitanwendung: Hautatrophie, Osteoporose, Wachstumshemmung, diabetogen, verzögerte Wundheilung	virale, bakterielle Infektionen, Abwehrschwäche, Mykosen, Sepsis, sonst wie Dexamethason	**Frettchen:** 0,1 mg/kg s.c., 1 × tgl.
Überempfindlichkeiten	nicht bekannt	**Kaninchen:** 0,5%ige Lsg., Anwendung am/im Auge, 2 × tgl.
Störungen der Reproduktion, des Magen-Darm-Trakts, Gynäkomastie	*cave*: schwangere Tierbesitzer (teratogen)	**Frettchen:** 5 mg/kg p.o., 1 × tgl., bis klinische Symptome verschwinden, fortsetzen mit 7 Tagen Behandl., 7 Tagen Pause etc.
Lungenfibrose	Niereninsuffizienz	**Frettchen:** 10 I. E./m^2

Wirkstoff	Beispiele für Handelspräparate	Wirkung	Indikation
Bromelin-Enzyme (Bromelain)	Bromelain (500 I. E./Tabl.) Ⓗ (Ursapharm), Phlogenzym (800 I. E./Tabl.) Ⓗ (Mucos), Traumanase (100 I. E./Tabl.) Ⓗ (Klosterfrau) u. a.	Cysteinproteasen aus dem Stamm der Ananaspflanze	Trichobezoare (Prophylaxe), Magenatonie, entzündungshemmend
Bromhexin	Bisolvon (10 mg/g Pulver, 3 mg/ml Inj.-Lsg.) Ⓥ (Boehringer Ingelheim), Hexasolvon (3 mg/ml Inj.-Lsg.) Ⓥ (CP-Pharma), Quentan (10 mg/g Pulver) Ⓥ (aniMedica), Solvimuco (10 mg/g Pulver) Ⓥ (bela-pharm)	Expektorans, Sekretolytikum	Sekretolyse, Husten; akute, chronische Bronchitis
Budesonid	Budenofalk (3 mg/Kapsel) Ⓗ (Falk), Entocort (3 mg/Kapsel) Ⓗ (Tillotts Pharma)	Glukokortikoid, nicht fluoriert	entzündliche Darmerkrankung
Bupivacain	Bupivacain (2,5 mg/ml Inj.-Lsg.) Ⓗ (Mibe) u. a.	Lokal-, Leitungsanästhetikum	a) Epiduralanästhesie b) Infiltrationsanästhesie c) Leitungsanästhesie
Buprenorphin (Abgabe und Verschreibung unterliegen dem BtMG)	Buprenodale Multidose (0,3 mg/ml Inj.-Lsg.) Ⓥ (Albrecht), Buprenovet (0,3 mg/ml Inj.-Lsg.) Ⓥ (Bayer Vital), Bupresol Multidose (0,3 mg/ml Inj.-Lsg.) Ⓥ (CP-Pharma)	a) Analgetikum, Opioid, μ-Agonist/κ-Antagonist b) Narkoseprämedikation c) postoperative Analgesie d) Epiduralanästhesie	schwere Schmerzzustände (Analgesie), 8–12 Std. wirksam, alle Spezies

Mögliche Nebenwirkungen, Besonderheiten	Kontraindikationen	Tierart, Dosierung
Wirksamkeit nicht bewiesen	nicht bekannt	**Kaninchen:** 1–2 Tabl./Tier p.o., 1 × tgl., über 3–5 Tage
selten gastrointestinale Reizung; schwere Fälle gut in Kombi mit Acetylcystein (ACC)	Lungenödem im Anfangsstadium, Magen-Darm-Ulzera; nicht zusammen mit Antitussiva verwenden	**Chinchilla, Kaninchen, Maus, Meerschwein:** 0,5 mg/kg p.o., s.c., 2–3 × tgl. **Gerbil:** 0,3–0,5 mg/kg p.o., s.c., i.m., 1–2 × tgl. **Igel:** 1 mg/kg p.o., s.c., i.p., 1–2 × tgl. **Ratte:** 2 mg/kg p.o., s.c., i.m.
nicht bekannt	nicht bekannt	**Frettchen:** bis zu 1 mg/Tier p.o., 1 × tgl.
nicht bekannt	nicht bekannt	**Frettchen:** a) 1 mg/kg epidural; b) 1–2 mg/kg s.c. **Kaninchen:** 1 mg/kg (mit konservierungsmittelfreier NaCl-Lsg. verdünnen, absolutes Volumen ≤ 0,33 ml/kg) **Meerschwein:** c) 0,5–2 mg/kg **Ratte:** c) 1–2 mg/kg
Verhaltensänderungen v.a. bei Kaninchen (Sterngucken), Ratte (Pica) zu b) Narkoseeinleitung erst nach 30 min (Gefahr der Narkosevertiefung)	Kombination mit MAO-Hemmern	**Chinchilla:** 0,05 mg/kg s.c., 2–3 × tgl. **Frettchen:** 0,01–0,5 mg/kg s.c., i.m., i.v., 2–3 (–6) × tgl. d) 12 µg/kg **Gerbil:** 0,01–0,05 mg/kg s.c., i.v., 2–3 × tgl.; 0,1–0,2 mg/kg s.c., 3 × tgl. **Hamster:** 0,01–0,05 mg/kg s.c., i.v., 2–3 × tgl.; 0,5 mg/kg s.c., 3 × tgl. **Igel:** 0,01 mg/kg s.c., i.m., 3–4 × tgl.; 0,01–0,5 mg/kg s.c., i.m., 2–3 × tgl.

Wirkstoff	Beispiele für Handelspräparate	Wirkung	Indikation
→ Buprenorphin (Abgabe und Verschreibung unterliegen dem BtMG)			
Buprenorphin + Midazolam s. Midazolam			
Buprenorphin + Ketamin + Medetomidin s. Ketamin			
Buserelin	Buserelin (4 µg/ml Inj.-Lsg.) Ⓥ 🄺 (aniMedica), Receptal (4 µg/ml Inj.-Lsg.) Ⓥ 🄺 (Intervet), Veterelin (4 µg/ml Inj.-Lsg.) Ⓥ 🄺 (alfavet)	Gonadorelin	Ovulationsinduktion, Verbesserung der Konzeptionsrate
Butafosfan	Catosal (100 mg/ml + 0,05 mg Vitamin B_{12}/ml Inj.-Lsg.) Ⓥ (Bayer Vital)	Kalzium-Phosphat-Substitution, „Tonikum", „Stoffwechselstimulans", Geriatrikum	Überanstrengung, Erschöpfung
Butorphanoltartrat	Alvegesic vet. (10 mg/ml Inj.-Lsg.) Ⓥ (Alvetra, Pharma-Partner, Selectavet), Dolorex (10 mg/ml Inj.-Lsg.) Ⓥ (Intervet), Morphasol (4 mg/ml/10 mg/ml Inj.-Lsg.) Ⓥ (Albrecht, aniMedica), Torbugesic (10 mg/ml Inj.-Lsg.) Ⓥ (Zoetis) u. a.	Analgetikum (schwächer als Buprenorphin), Opioid, µ-Antagonist/ κ-Agonist	schwere Schmerzzustände (nur 2–4 Std. wirksam), Narkoseprämedikation (Sedation), antitussiv Kombination von Butorphanol [B] mit Acepromazin [A]

Mögliche Nebenwirkungen, Besonderheiten	Kontraindikationen	Tierart, Dosierung
		Kaninchen: 0,01–0,05 (–0,1) mg/kg s.c., i.p., i.v., 2–4 × tgl.; 0,5 mg/kg rektal, 2 × tgl.; b) 0,02–0,1 mg/kg s.c., i.m., i.v. c) 0,03 mg/kg i.m., 2 × tgl. **Maus:** 0,05 (–2,5) mg/kg s.c., i.p., 2–4 × tgl. **Meerschwein:** 0,05 mg/kg s.c., 2–3 × tgl. **Ratte:** 0,02–0,5 mg/kg s.c., i.v., i.p., 2–4 × tgl.; 0,006 mg/ml Trinkwasser
nicht bekannt	nicht bekannt	**Frettchen:** 1 µg/Tier i.m. **Gerbil:** 16 µg/kg s.c., 3 × im Abstand von 4 Tagen **Kaninchen:** 0,8 µg/Tier s.c., i.m., i.v.
Vorsicht bei intravenöser Injektion wg. hohen Ca-Gehalts; Bradykardie, später Tachykardie, Extrasystolie	Hyperkalzämie, Hyperparathyreoidismus, Niereninsuffizienz	**Gerbil:** 200 mg/kg s.c., 1 × tgl.
Erbrechen, Nausea, Salivation, Kot-, Harnabsatz, Bronchospasmen, Obstipation, Hypotension, Bradykardie, Miosis, Atemdepression; gut bei Kaninchen, Maus, Ratte, Hamster	Vorsicht bei Epilepsie, Inhalationsnarkose	**Chinchilla:** 0,2–2 mg/kg s.c., i.m., alle 4 Std. **Frettchen:** 0,05–0,5 mg/kg s.c., i.m., i.v., alle 4–12 Std.; initial 0,05–0,2 mg/kg i.v., anschl. 0,1–0,4 mg/kg/h i.v. **Gerbil:** 1–5 mg/kg s.c., alle 4 Std. **Hamster:** 1–5 mg/kg s.c., alle 4 Std. **Igel:** 0,05–0,4 mg/kg s.c., i.m., alle 6–8 Std.

Wirkstoff	Beispiele für Handelspräparate	Wirkung	Indikation
→ Butorphanoltartrat			
Butorphanol + Alfaxalon s. Alfaxalon			
Butrophanol + Ketamin (+ Medetomidin) s. Ketamin			
Butrophanol + Medetomidin (+ Midazolam) s. Medetomidin			
Butorphanol + Midazolam s. Midazolam			
Butorphanol + Tiletamin + Xylazin s. Tiletamin			
Butylscopolaminbromid	kein veterinärmedizinisches Monoarzneimittel in Deutschland verfügbar; Buscopan (20 mg/ml Inj.-Lsg.) Ⓗ (Boehringer Ingelheim) u. a.	Parasympatholytikum, Acetylcholinantagonist	Spasmolytikum, Spasmen von Magen, Darm und Harnwegen
Butylscopolamin + Metamizol s. Metamizol			
Cabergolin	Galastop (50 µg/ml Lsg.) Ⓥ (CEVA) u. a.	Prolaktinhemmer	a) Scheinträchtigkeit b) Hypophysenadenom
Calcium-Di-Natrium-EDTA	Herstellung in der Apotheke als 20%ige Inj.-Lsg.	Komplexbildner	Metallvergiftungen, insbesondere Bleivergiftung; Hypokalzämie

Mögliche Nebenwirkungen, Besonderheiten	Kontraindikationen	Tierart, Dosierung
		Kaninchen: 0,1–1 mg/kg s.c., i.m., i.v., alle 4–6 Std.; initial 0,2–0,4 mg/kg i.v., anschl. 0,1–0,4 mg/kg/h i.v. a) [A] 0,5 mg/kg + [B] 0,5 mg/kg s.c., i.m. **Maus:** 0,2–5 mg/kg s.c., alle 4 Std. **Meerschwein:** 0,4–2 mg/kg s.c., alle 2–12 Std. **Ratte:** 0,2–2 mg/kg s.c., alle 2–4 Std.
Hemmung der Motilität von Magen, Darm und Harnblase, der Sekretion in Magen, Darm und Bronchien, Mydriasis, Steigerung des intraokulären Drucks	Glaukom, Herztachyarrhythmie, Darmatonie, Pylorusstenose; **Herbivoren:** Gefahr von fatalen Magen-Darm-Atonien	**Meerschwein:** 0,5–0,8 mg/kg p.o., s.c., i.m.
Übelkeit, Erbrechen, Gastritis, Hypertonie	Hypertonie	**Frettchen:** a) 5 µg/kg p.o., 1 × tgl., über 7 Tage **Kleinnager** (die meisten Arten): a) 12,5–15 µg/kg p.o., 1 × tgl., über 4–6 Tage **Ratte:** b) 10–50 µg/kg p.o., 1–2 × tgl.; 0,6 mg/kg p.o., alle 3 Tage
tubuläre Nierenschädigung, Spurenelementverlust, teratogen?	Quecksilbervergiftung	**Chinchilla:** 30 mg/kg s.c., 2 × tgl.; 100 mg/kg i.p. **Frettchen:** 20–30 mg/kg s.c., 2 × tgl. **Kaninchen:** 13–27 mg/kg s.c., i.v.

Wirkstoff	Beispiele für Handelspräparate	Wirkung	Indikation
→ Calcium-Di-Natrium-EDTA			
Calcium-gluconat	C-B-Gluconat 24 % plus 6 % (240 mg/ml Inf.-Lsg., Kombi) Ⓥ (zahlreiche Vertreiber), C-B-Gluconat 38 % plus 6 % (380 mg/ml Inf.-Lsg., Kombi) Ⓥ (zahlreiche Vertreiber), Calci-Mag (200 mg/ml Inf.-Lsg., Kombi) Ⓥ (MEDISTAR, Serumwerk Bernburg) u. a.	Kalzium-Elektrolyt	Kalziumsubstitution, Hypokalzämie, Tetanie, Hypoparathyreoidismus, Eklampsie
Captopril	Captogamma (6,25 mg/Tabl. u. a.) Ⓗ (Wörwag) u. a.	ACE-Hemmer, Vasodilatator	Vor- und Nachlastsenkung; hypertrophe, dilatatorische Kardiomyopathie
Carbaril (Carbaryl)	kein veterinär- oder humanmedizinisches Arzneimittel in Deutschland verfügbar	Antiparasitikum, Carbamat, akarizid	Ektoparasitenbefall
Carbimazol	Vidalta (10 mg/-15 mg Tabl.) Ⓥ (Intervet)	Thyreostatikum, Thioimidazol, Iodisationshemmer	Hyperthyreose
Carbo medicinalis (Aktivkohle, Pflanzenkohle)	Kohle-Compretten (250 mg Tabl.) Ⓗ (Merck Selbstmedikation), Kohle-Pulvis (1 g/g Pulver) Ⓗ (Köhler-Pharma/Köhler), Ultracarbon (813 mg/g Granulat) Ⓗ (Merck Selbstmedikation u. a.)	Adsorbens	Durchfall, Intoxikation mit Isozyaniden und evtl. anderen oral aufgenommenen Toxinen, Bakterientoxine (?)

Mögliche Nebenwirkungen, Besonderheiten	Kontraindikationen	Tierart, Dosierung
		Kleinnager: 25–30 mg/kg s.c., i.v., 2–4 × tgl., über 5 Tage, ggf. Wdh. nach 5 Tagen bis zur Normalisierung des Blutspiegels **Meerschwein:** 30 mg/kg s.c., 2 × tgl.
Steigerung der Wirkung von Herzglykosiden, vermindert Resorption von oralen Tetracyclinen, keine Zugabe anderer Wirkstoffe	Hyperkalzämie, nicht mit Magnesium oder Vitamin D kombinieren	**Chinchilla:** 100 mg/kg i.p. **Igel:** 50 mg/kg i.m.; 100–150 mg/kg i.v. (24%ige Inf.-Lsg.) **Meerschwein:** 100 mg/kg i.m.
große therapeutische Breite, anfangs Hypertonie, Müdigkeit, vorübergehend Azotämie möglich, daher Beginn mit niedriger Dosis	Mitralklappen-, Aortenstenose	**Frettchen:** 1,6 mg/Tier p.o., alle 2 Tage, dann allmähliche Steigerung auf 1–2 × tgl.
Verdacht auf mutagene und kanzerogene Wirkung	Gravidität	**Chinchilla, Meerschwein:** 5%iges Pulver, topisch, 3 × alle 7 Tage **Frettchen:** 5%iges Pulver, topisch, 3–6 × alle 7 Tage **Kaninchen:** 5%iges Pulver, sparsam topisch, alle 7 Tage
Überempfindlichkeitsreaktion	Euthyreose (Hepatopathie), nicht teilen (Retardkapsel)	**Meerschwein:** 1–2,5 mg/kg p.o., 1–2 × tgl.
hohe Dosis: mechanischer Ileus (Vorsicht v.a. bei Herbivoren), bei Mehrfachgabe Laxanzien geben; Aspirationsgefahr	Vergiftung mit ätzenden und nicht absorbierbaren Substanzen, fiebriger Durchfall	**Chinchilla:** 1–3 g/kg p.o. (mit Vorsicht) **Frettchen:** 1–3 g/kg p.o. **Igel:** 1 g/Tier p.o., 1 × tgl. **Kaninchen:** 1 g/kg p.o., alle 4–6 Std. (mit Vorsicht) **Kleinnager** (die meisten Arten): 1 g/kg p.o.

Wirkstoff	Beispiele für Handelspräparate	Wirkung	Indikation
Carprofen	Canidryl (20 mg/Tabl. u. a.) Ⓥ (alfavet, WDT), Carprodyl F (20 mg/Tabl. u. a.) Ⓥ (CEVA), Rimadyl (20 mg/Tabl. u. a., 50 mg/ml Inj.-Lsg.) Ⓥ (Zoetis), Rimifin (20 mg/Tabl.) Ⓥ (Albrecht), Rycarfa (20 mg/Tabl. u. a., 50 mg/ml Inj.-Lsg.) Ⓥ (TAD Pharma) u. a.	nichtsteroidales Antiphlogistikum	Entzündung, Schwellungen, perioperative Analgesie, Linderung postoperativer Schmerzen (24 Std.), chronische Gelenkschmerzen
Carvedilol	Carvedilol (3,125 mg/6,25 mg Tabl.) Ⓗ (Hexal) u. a.	Betablocker, β-Adrenolytikum	Kreislaufinsuffizienz
Cefadroxil	Cefadroxil (50 mg/ml Susp. u. a.) Ⓗ (1 A Pharma) u. a.	β-Lactam-, Cefalosporin-Antibiotikum der 1. Generation, bakterizides Breitspektrumantibiotikum	Infektionen durch grampositive oder -negative Bakterien (nach Antibiogramm), insbesondere Dermatitiden, Endokarditis, Infektionen des Respirations-, Urogenitaltrakts, der Knochen und Gelenke

Mögliche Nebenwirkungen, Besonderheiten	Kontraindikationen	Tierart, Dosierung
Nephropathien, Inappetenz, Erbrechen Durchfall, Gastroenteritis (selten), okkulte gastrointestinale Blutungen, wirkt nicht gegen akuten Operationsschmerz, Wirkeintritt 30 min	Nephropathie, Dehydratation, Gastroenteritis, besonders Magen-Darm-Ulzera, hämorrhagische Diathese, dekompensierte Herzinsuffizienz, Hypertonie, Schilddrüsenkrankheiten, Endphase der Gravidität, Hypovolämie, gleichzeitige Gabe von Antikoagulanzien, nicht in Kombi mit Glukokortikoiden	**Chinchilla:** 4 mg/kg s.c., 1–2 × tgl. **Frettchen:** 2–4 mg/kg s.c., 1 × tgl.; 1–5 mg/kg p.o., 1–2 × tgl.; 5–10 mg/kg p.o. **Gerbil:** 5 mg/kg s.c., 1 × tgl. **Hamster:** 5 mg/kg s.c., 1 × tgl. **Igel:** 1 mg/kg p.o., s.c., 1–2 × tgl. **Kaninchen:** 1–2,2 mg/kg p.o., 2 × tgl.; 2–4 mg/kg s.c., i.m., 1 × tgl. **Kleinnager:** 2–4 mg/kg p.o., s.c., i.v., 2 × tgl. **Maus:** 5 mg/kg s.c., 1 × tgl.; 5–10 mg/kg p.o. **Meerschwein:** 1–2 mg/kg p.o., 1–2 × tgl.; 4 mg/kg s.c., 1–2 × tgl. **Ratte:** 1,5 mg/kg p.o., 2 × tgl.; 5 mg/kg s.c., 1 × tgl.; 5–10 mg/kg p.o., 1 × tgl. alle: bei starken Schmerzen 2 × tgl. geben u./o. mit anderen Analgetika kombinieren
nicht bekannt	nicht bekannt	**Hamster:** 1–11 mg/kg p.o., 1 × tgl. **Ratte:** 2–30 mg/kg p.o., 1 × tgl.
bisweilen Erbrechen, nephrotoxisch	Niereninsuffizienz, trächtige Tiere, Überempfindlichkeit gegen β-Lactam-Antibiotika, **mit extremer Vorsicht bei Kaninchen und Kleinnagern anwenden** (Zerstörung der Darmflora, v.a. bei oraler Gabe hoher Dosen)	**Frettchen:** 15–20 mg/kg p.o., 2 × tgl.

Wirkstoff	Beispiele für Handelspräparate	Wirkung	Indikation
Cefalexin (Cephalexin)	Cefalexin (120 mg/Tabl. u. a.) Ⓥ (CP-Pharma), Cephacare (50 mg/Tabl. u. a.) Ⓥ (aniMedica), Rilexine (75 mg/ Tabl. u. a.) Ⓥ (Virbac) u. a.	β-Lactam-, Cefalosporin-Antibiotikum der 1. Generation, bakterizides Breitspektrumantibiotikum	Infektionen durch grampositive oder -negative Bakterien (nach Antibiogramm), insbesondere Dermatitiden
Cefazolin	Cefazolin (1 g/-2 g Pulver zur Herst. einer Inf.- o. Inj.-Lsg.) Ⓗ (Fresenius Kabi) u. a.	β-Lactam-, Cefalosporin-Antibiotikum der 1. Generation, bakterizides Breitspektrumantibiotikum	Infektionen durch grampositive oder -negative Bakterien (nach Antibiogramm), insbesondere Dermatitiden
Cefotaxim	Cefotaxim (500 mg Pulver zur Herst. einer Inj.-Lsg.) Ⓗ Eberth)	β-Lactam-Antibiotikum, Cefalosporin der 3. Generation, bakterizides Breitspektrumantibiotikum mit hoher β-Lactamasen-Stabilität	Infektionen durch grampositive oder -negative Bakterien (nach Antibiogramm) a) Pneumokokkenendokarditits

Mögliche Nebenwirkungen, Besonderheiten	Kontraindikationen	Tierart, Dosierung
bisweilen Erbrechen, nephrotoxisch	Niereninsuffizienz, trächtige Tiere, Überempfindlichkeit gegen β-Lactam-Antibiotika, **mit extremer Vorsicht bei Kaninchen und Kleinnagern anwenden** (Zerstörung der Darmflora, v. a. bei oraler Gabe hoher Dosen)	**Frettchen:** 15–30 mg/kg p. o., 2–3 × tgl. **Gerbil:** 25 mg/kg i. m., 1 × tgl. **Hamster:** 25 mg/kg i. m., 1 × tgl. **Igel:** 25 mg/kg p. o., 3 × tgl. **Kaninchen:** 15 mg/kg s. c., 2 × tgl. **Maus:** 30 mg/kg s. c., i. m., 1 × tgl., über 5–7 Tage; 15 mg/kg s. c., i. m., 2 × tgl.; 60 mg/kg p. o., 1 × tgl., über 5–7 Tage **Meerschwein:** 25 mg/kg p. o., i. m., 2 × tgl.; 50 mg/kg p. o., 1 × tgl.; 15 mg/kg s. c., 2 × tgl. **Ratte:** 15 mg/kg s. c., 1 × tgl.; 20 mg/kg p. o., 3 × tgl.
bisweilen Erbrechen, nephrotoxisch	Niereninsuffizienz, trächtige Tiere, Überempfindlichkeit gegen β-Lactam-Antibiotika, **mit extremer Vorsicht bei Kaninchen und Kleinnagern anwenden** (Zerstörung der Darmflora, v. a. bei oraler Gabe hoher Dosen)	**Kaninchen:** 2 g/20 g Methylmethacrylat (Einbringen in Knochen nach chirurgischer Wundtoilette eines Kieferabzesses)
nicht bekannt	Niereninsuffizienz, trächtige Tiere, Überempfindlichkeit gegen β-Lactam-Antibiotika, **mit extremer Vorsicht bei Kaninchen und Kleinnagern anwenden** (Zerstörung der Darmflora, v. a. bei oraler Gabe hoher Dosen)	**Kaninchen:** a) 50 mg/kg i. m., 3 × tgl.

Wirkstoff	Beispiele für Handelspräparate	Wirkung	Indikation
Cefovecin	Convenia (80 mg/ml Inj.-Lsg.) Ⓥ (Zoetis)	β-Lactam-Antibiotikum, Cefalosporin der 3. Generation, bakterizides Breitspektrumantibiotikum mit hoher β-Lactamasen-Stabilität	Infektionen durch grampositive oder -negative Bakterien (nach Antibiogramm)
Cefquinom	Ceffect (25 mg/ml Inj.-Susp.) Ⓥ (Bayer Vital), Cobactan (25 mg/ml Inj.-Susp.) Ⓥ (Intervet), Qivitan (25 mg/ml Inj.-Susp.) Ⓥ (aniMedica)	β-Lactam-Antibiotikum, Cefalosporin der 4. Generation, bakterizides Breitspektrumantibiotikum mit hoher β-Lactamasen-Stabilität	Infektionen durch grampositive oder -negative Bakterien (nach Antibiogramm)
Ceftazidim	Ceftazidim (0,5 g Pulver zur Herst. einer Inf.- o. Inj.-Lsg. u. a.) Ⓗ (Fresenius Kabi) u. a.	β-Lactam-Antibiotikum, Cefalosporin der 3. Generation, bakterizides Breitspektrumantibiotikum mit hoher β-Lactamasen-Stabilität	Infektionen durch grampositive oder -negative Bakterien (nach Antibiogramm)

Mögliche Nebenwirkungen, Besonderheiten	Kontraindikationen	Tierart, Dosierung
Erbrechen, Diarrhoe, neurologische Symptome; Wirksamkeit über mehrere Tage bei kleinen Heimtieren wahrscheinlich nicht gegeben	Niereninsuffizienz, trächtige Tiere, Überempfindlichkeit gegen β-Lactam-Antibiotika, **mit extremer Vorsicht bei Kaninchen und Kleinnagern anwenden** (Zerstörung der Darmflora, v. a. bei oraler Gabe hoher Dosen)	**Frettchen:** 8 mg/kg s. c., 1 × alle 2–3 Tage **Igel:** 6,8 mg/Tier s. c., 1 ×, ggf. Wdh. nach 5 Tagen
nicht bekannt	Niereninsuffizienz, trächtige Tiere, Überempfindlichkeit gegen β-Lactam-Antibiotika, **mit extremer Vorsicht bei Kaninchen und Kleinnagern anwenden** (Zerstörung der Darmflora, v. a. bei oraler Gabe hoher Dosen)	**Igel:** 2,5 mg/Tier s. c., 1 × tgl., über 3–5 Tage
bisweilen Erbrechen, nephrotoxlsch	Niereninsuffizienz, trächtige Tiere, Überempfindlichkeit gegen β-Lactam-Antibiotika, **mit extremer Vorsicht bei Kaninchen und Kleinnagern anwenden** (Zerstörung der Darmflora, v. a. bei oraler Gabe hoher Dosen)	**Kaninchen:** 50 mg/kg i. m., i. v., alle 3 Std.; 100 mg/kg i. m., 2 × tgl.

Wirkstoff	Beispiele für Handelspräparate	Wirkung	Indikation
Ceftiofur	Cefenil (50 mg/ml Inj.-Lsg., 50 mg/ml Inj.-Susp.) Ⓥ (Bayer Vital), Excenel (50 mg/ml Inj.-Lsg.) Ⓥ (Zoetis), Excenel Flow (Inj.-Susp. u. a.) Ⓥ (WDT, Zoetis) u. a.	β-Lactam-Antibiotikum, Cefalosporin der 3. Generation, bakterizides Breitspektrumantibiotikum mit hoher β-Lactamasen-Stabilität	Infektionen durch grampositive oder -negative Bakterien (nach Antibiogramm)
Ceftriaxon	Cefotriaxon (0,5 g Pulver zur Herst. einer Inf.- o. Inj.-Lsg. u. a.) Ⓗ (Roche) u. a.	β-Lactam-Antibiotikum, Cefalosporin der 3. Generation, bakterizides Breitspektrumantibiotikum mit hoher β-Lactamasen-Stabilität	Infektionen durch grampositive oder -negative Bakterien (nach Antibiogramm), wie Pneumokokken (Endocarditis, Pneumonie), Kaninchensyphilis (*Treponema cuniculi*)
Celecoxib	Celecoxib (100 mg/Kapsel u. a.) Ⓗ (Stadapharm u. a.)	Analgetikum, nichtsteroidales Antiphlogistikum, COX-2-Hemmer	muskuloskelettale Schmerzen, Entzündungen des Bewegungsapparats
Chlorambucil	Leukeran (2 mg/Tabl.) Ⓗ (Aspen)	Zytostatikum	Lymphom
Chloramphenicol	Chloramphenicol-N (131 mg/g Pulver) Ⓥ (Chevita), Chloro-Sleecol Tabs (72 mg/Tabl.) Ⓥ (Albrecht), Chloromycetin Palmitat (25 mg/ml Susp.) Ⓥ (Zoetis), Posifenicol C (10 mg/g Augensalbe) Ⓗ (Ursapharm)	Fenicol (Amphenicol), bakteriostatisches Breitspektrumantibiotikum	Infektionen durch grampositive oder -negative Bakterien (nach Antibiogramm) wie Rickettsien, Chlamydien, Mykoplasmen, Leptospiren, Pasteurellen, Yersinien, *Bacteroides*;

Mögliche Nebenwirkungen, Besonderheiten	Kontraindikationen	Tierart, Dosierung
bisweilen Erbrechen, nephrotoxisch	Niereninsuffizienz, trächtige Tiere, Überempfindlichkeit gegen β-Lactam-Antibiotika, **mit extremer Vorsicht bei Kaninchen und Kleinnagern anwenden** (Zerstörung der Darmflora, v. a. bei oraler Gabe hoher Dosen)	**Igel:** 20 mg/Tier s. c., 1–2 × tgl. **Kaninchen:** 2 g/20 g Methylmethacrylat (Einbringen in Knochen nach chirurgischer Wundtoilette eines Kieferabzesses) **Meerschwein:** (bei Pneumonie) 1 mg/kg i. m., 1 × tgl.
bisweilen Erbrechen, nephrotoxisch	Niereninsuffizienz, trächtige Tiere, Überempfindlichkeit gegen β-Lactam-Antibiotika, **mit extremer Vorsicht bei Kaninchen und Kleinnagern anwenden** (Zerstörung der Darmflora, v. a. bei oraler Gabe hoher Dosen)	**Kaninchen:** 40 mg/kg i. m., 2 × tgl., über 2–3 Tage; 71 mg/kg i. v. 1 × tgl.
nicht bekannt	nicht bekannt	**Ratte:** 10–20 mg/kg p. o., 2 × tgl.
nicht bekannt	nicht bekannt	**Frettchen:** 1 mg/kg p. o.; 20 mg/m^2
Erbrechen, Hypothermie, aplastische Anämie, Gewichtsverlust, Neutropenie, Immunsuppression; Vorsicht bei Neugeborenen	unveresterte Präparate nicht i. v., nicht gleichzeitig impfen, resistente Erreger (BU!), Überempfindlichkeit gegen Amphenicole, Blutkrankheiten; nicht gleichzeitig mit anderen Antibiotika anwenden	**Frettchen:** 25–50 mg/kg p. o., s. c., i. m., i. v., 2 × tgl. **Gerbil:** 0,83 mg/ml Trinkwasser **Hamster:** 30–50 mg/kg p. o., s. c., i. m. 3–4 × tgl. **Igel:** 30–50 mg/kg p. o., s. c., i. m. 2 × tgl. **Kaninchen:** 25–50 mg/kg p. o., s. c., i. m., i. v., 2–3 × tgl.; 1,3 mg/ml Trinkwasser

Wirkstoff	Beispiele für Handelspräparate	Wirkung	Indikation
→ Chloramphenicol			proliferative Darmerkrankung (Frettchen) a) Kaninchensyphilis (*Treponema cuniculi*)
Chlorhexidin	Eimü-Chlorhexidin Dip (3,5 mg/g Lsg.) Ⓥ (Eimermacher), Chlorhexamed (10 mg/g Gel, 1 mg/ml Lsg. u. a.) Ⓗ (GlaxoSmithKline) u. a.	Antiseptikum, Desinfiziens	Dermatomykosen, Maulschleimhautentzündung, Zahnplaqueprophylaxe, wirksam gegen grampositive und -negative Bakterien (nach Antibiogramm), Pilze, Viren
Chlormadinonacetat	anifertil N (24 mg/Tabl.) Ⓥ (aniMedica), Chlormadinon (2 mg/Tabl.) Ⓗ (Jenapharm) keine veterinär- oder humanmedizinische Inj.-Lsg. in Deutschland verfügbar	Gestagen	Läufigkeitsverhinderung
Chlorphenamin (Chlorpheniramin)	Ancesol (10 mg/ml Inj.-Lsg.) Ⓥ (WDT), Phenasol (10 mg/ml Ⓥ (CP-Pharma) keine veterinärmedizinische orale Zubereitung in Deutschland verfügbar Frankreich: Chlorderma (14 mg/Tabl.) Ⓥ (Vétoquinol)	Antiallergikum, H_1-Antihistaminikum	Allergie
Chlortetracyclin	Chlortetracyclin C20 KS (200 mg/g Pulver) Ⓥ (Chevita), Chlortetracyclinhydrochlorid (1g/g Pulver) Ⓥ (aniMedica, bela-pharm), CTC-HCl (100 mg/g Pulver) Ⓥ (bela-pharm) u. a.	Tetracyclin, bakteriostatisches Breitspektrumantibiotikum	Infektionen durch grampositive oder -negative Bakterien (nach Antibiogramm) wie Rickettsien, Chlamydien, Mykoplasmen, *Campylobacter*

Mögliche Nebenwirkungen, Besonderheiten	Kontraindikationen	Tierart, Dosierung
		a) 55 mg/kg p. o., 2 × tgl., über 4 Wo. **Kleinnager:** 20–50 mg/kg p. o., s. c., i. m., i. v., 2–4 × tgl.; topisch am Auge, 2–4 × tgl. **Maus:** 30–50 mg/kg p. o, s. c., i. m., 3–4 × tgl.; 0,5 mg/ml Trinkwasser; 200 mg/ml p. o., 2 × tgl. **Meerschwein:** 1 mg/ml Trinkwasser **Ratte:** 30–50 mg/kg p. o., s. c., i. m., 3–4 × tgl.
Kontaktdermatitis, Kontaktstomatitis, Fotosensibilität bei längerer Anwendung möglich, Verfärbung von Zähnen und Mundschleimhaut	nicht bekannt	**Igel:** 2–3%iges Shampoo (20–30 mg/ml), topisch 2–3 × tgl. **Kaninchen:** Maulhöhle 1–2 × tgl. ausspülen; Paste auf Zahnfleisch oder Haut auftragen oder auftupfen
Pyometra, Mammatumoren	Anwendung im Proöstrus oder Metöstrus, Mammatumoren, Diabetes mellitus, Hepatopathie, Nephropathie	**Gerbil:** 3–5 mg/Tier p. o. **Meerschwein:** 10 mg/kg s. c.
Blutdruckabfall, Durchfall, bisweilen aber Obstipation, zentrale Dämpfung, keine sinnvolle Kombination zur Hustenbehandlung	nicht bekannt	**Frettchen:** 1–2 mg/kg p. o., 2–3 × tgl. **Kaninchen:** 0,2–0,4 mg/kg p. o., 2 × tgl. **Meerschwein:** 0,6 mg/kg p. o., 1 × tgl.
bisweilen Erbrechen, Durchfall, Meteorismus, Störung der Darmflora, lokale Reizung, fettige Leberdegeneration	tetracyclinresistente Erreger (BU!)	**Chinchilla:** 50 mg/kg p. o., 2 × tgl. **Igel:** 5–20 mg/kg p. o., 2 × tgl. **Hamster:** 20 mg/kg p. o., s. c., i. m., 2 × tgl. **Kaninchen:** 25–50 mg/kg p. o., s. c., i. m., i. v., 2–3 × tgl.; 1,3 mg/ml Trinkwasser

Wirkstoff	Beispiele für Handelspräparate	Wirkung	Indikation
→ Chlortetracyclin	keine veterinär- oder humanmedizinische Inj.-Lsg. in Deutschland verfügbar		
Chondroitinsulfat s. polysulfatiertes Glykosaminoglykan			
Ciclosporin (Cyclosporin A)	Optimmune Augensalbe (2 mg/g Salbe) Ⓥ (Intervet), Sporimune (50mg/ml Lsg.) Ⓥ (CP-Pharma)	Immunsuppressivum	a) isolierte aplastische Anämie/Erythroblastopenie b) Keratoconjunctivitis sicca
Cimetidin	Cimetidin (200 mg/Tabl. u. a.) Ⓗ (acis), Cimetidin (100 mg/ml Inj.-Lsg.) Ⓗ (ratiopharm) u. a.	Antazidum, H_2-Antihistaminikum, Magensäureblocker	Magen-, Darmulzera, Ösophagitis, gastroösophagealer Reflux, akute Pankreatitis
Ciprofloxacin	Ciloxan (3 mg/ml Augentr.) Ⓗ (Novartis), Cipro (100 mg/Tabl. u. a.) Ⓗ (1 A Pharma u. a.), Ciprobay (250 mg/Tabl. u. a., 50 mg/ml Susp. u. a., 2 mg/ml Inf.-Lsg.) Ⓗ (Bayer Vital) u. a.	Gyrasehemmer, Fluorchinolon, bakterizides Breitspektrumantibiotikum, erster Metabolit von Enrofloxacin	Infektionen durch grampositive oder -negative Bakterien (außer Anaerobier, nach Antibiogramm)

Mögliche Nebenwirkungen, Besonderheiten	Kontraindikationen	Tierart, Dosierung
		Maus: 25 mg/kg p.o., s.c., i.m., 2 × tgl. **Ratte:** 10 mg/kg s.c., i.m., 2 × tgl.
steigert die Tränenproduktion	Überempfindlichkeit gegen Ciclosporine	**Frettchen:** a) 4–6 mg/kg p.o., 2 × tgl. **Kaninchen:** b) topisch am Auge, 2 × tgl. **Ratte:** 10 mg/kg p.o., 1 × tgl.
Verzögerung des Arzneimittelabbaus	Allergie (Urtikaria, Juckreiz, Konjunktivitis)	**Frettchen:** 5–10 mg/kg p.o., s.c., i.m., i.v., 3 × tgl. **Igel:** 10 mg/kg p.o., 3 × tgl. **Kaninchen:** 5–10 mg/kg p.o., s.c., i.m., 2–4 × tgl. **Kleinnager:** 5–10 mg/kg p.o., s.c., i.m., i.v., 2–4 × tgl.
Leberschädigung, Pankreatitis, Hypotension, Gelenkschädigung bei Jungtieren möglich	Gravidität, Jungtiere	**Chinchilla:** 5–25 mg/kg p.o., 1–2 × tgl. **Frettchen:** 5–15 mg/kg p.o., 2 × tgl.; 10–30 mg/kg p.o., 1 × tgl. **Gerbil:** 10 mg/kg p.o., 2 × tgl. **Hamster:** 10–20 mg/kg p.o., 2 × tgl. **Igel:** 5–20 mg/kg p.o., 2 × tgl. **Kaninchen:** 5–20 mg/kg p.o., 2 × tgl.; bei Augenverletzungen 2 Tr. pro Auge jede Std. über 7–14 Std.; topisch am Auge, 2–3 × tgl.; 1 Tr. intranasal, 2–3 × tgl. **Kleinnager:** 5–20 mg/kg p.o., 1–2 × tgl. **Maus:** 10 mg/kg p.o., 2 × tgl. **Meerschwein:** 5–25 mg/kg p.o., 1–2 × tgl. **Ratte:** 10 mg/kg p.o., 2 × tgl.

Wirkstoff	Beispiele für Handelspräparate	Wirkung	Indikation
Cisaprid	Niederlande: Cisaral Drops (1 mg/ml Tr.) Ⓥ Kln (AST Farma bv)	Prokinetikum, Antiemetikum	Motilitätsstörung des oberen Gastrointestinaltrakts, Anregung der prokinetischen Gastrointestinalmotilität, Ösophagitis, Regurgitation
Clarithromycin	Clarithromycin (250 mg/Tabl. u. a., 25 mg/ml Susp. u. a.) Ⓗ (ratiopharm u. a.) u. a.	Makrolid, bakteriostatisches Mittelbandspektrumantibiotikum	*Helicobacter*-Infektion
Clavulansäure s. Amoxicillin + Clavulansäure			
Clenbuterolhydrochlorid	Clenovet (0,03 mg/ml Inj.-Lsg.) Ⓥ (MEDISTAR, Serumwerk-Bernburg), Equipulmin (0,025 mg/ml Gel) Ⓥ (CP-Pharma), Planipart (0,03 mg/ml Inj.-Lsg.) Ⓥ (Boehringer Ingelheim), Ventipulmin (0,016 mg/g Granulat, 0,025 mg/ml Gel) Ⓥ (Boehringer Ingelheim) u. a.	Bronchospasmolytikum, Sympathomimetikum	chronische Atemwegserkrankungen, Bronchospasmen

Mögliche Nebenwirkungen, Besonderheiten	Kontraindikationen	Tierart, Dosierung
kardiale Nebenwirkungen, verzögerte Motilität, abdominale Krämpfe, Durchfall	Leberinsuffizienz, erhöhte Gastrointestinalmotilität, Gravidität, Darmobstruktion, intestinale Perforation	**Chinchilla:** 0,1–1 mg/kg p.o., 2–3 × tgl. **Frettchen:** 0,5 mg/kg p.o., 2–3 × tgl. **Gerbil:** 0,1–0,5 mg/kg p.o., 2 × tgl. **Hamster:** 0,1–0,5 mg/kg p.o., 2 × tgl. **Kaninchen:** 0,5 mg/kg p.o., 2–3 × tgl. **Maus:** 0,1–0,5 mg/kg p.o., 2 × tgl. **Meerschwein:** 0,1–1 mg/kg p.o., 2–3 × tgl. **Ratte:** 0,1–0,5 mg/kg p.o., 2 × tgl.
ggf. Urtikaria, Myalgie, Krämpfe, Schwindel, Tinnitus, Gehörverlust, Erbrechen, Durchfall, ventrikuläre Tachykardie, Nephropathie **Frettchen:** bei niedriger Dosierung Kombi mit Ranitidin, bei höherer Dosierung Kombi mit Omeprazol (oder Ranitidin) und Metronidazol	Überempfindlichkeit gegen Makrolidantibiotika, nicht mit Terfenadin, Cisaprid, Pimozid, Astemizol, Ergotamin anwenden; Hypokaliämie, Leberfunktionsstörung	**Chinchilla:** 15 mg/kg p.o., 2 × tgl. **Frettchen:** 12,5 mg/kg p.o., 2–3 × tgl., über 14 Tage; 50 mg/kg p.o., 1 × tgl. **Igel:** 5,5 mg/kg p.o., 2 × tgl. **Maus:** 10 mg/kg p.o., 1–2 × tgl. (ggf. Kombi mit Amoxicillin [20 mg/kg] oder Metronidazol [10 mg/kg]) **Meerschwein:** 28,8 mg/kg p.o., 2 × tgl.
periphere Vasodilatation, Herzfrequenzsteigerung, Muskeltremor	tachykarde Arrhythmie, Wehenhemmung, Hyperthyreose	**Igel:** 6–12 µg/Tier p.o., s.c., i.m., 2 × tgl., über 1–3 Tage **Ratte:** 0,2 mg/kg p.o., 2 × tgl.

Wirkstoff	Beispiele für Handelspräparate	Wirkung	Indikation
Clindamycin	Cleorobe (25 mg/Kapsel u. a.) Ⓥ (Zoetis), Clinacin (25 mg Tabl. u. a.) Ⓥ (Albrecht, WDT), Clindaseptin (25 mg/ml Lsg.) Ⓥ (Vétoquinol) u. a.	Lincosamid-Antibiotikum, bakteriostatisches Mittelbandspektrumantibiotikum	Infektionen durch grampositive Kokken, Anaerobier, Mykoplasmen, Osteomyelitis (Antibiogramm!), Toxoplasmose
Clomipramin	Clomicalm (5 mg–20 mg/Tabl. u. a.) Ⓥ (Elanco Animal Health)	Antidepressivum	Aggressivität, Anxiolyse
Clotrimazol	Aurizon (10 mg/ml Susp. + Marbofloxacin, Dexamethason) Ⓥ (Vétoquinol), Cloderm (10 mg/g Puder Ⓗ (Dermapharm), Clotrimazol (10 mg/g Creme, 10 mg/ml Pumpspray) Ⓗ (ALIUD PHARMA) u. a.	Antimykotikum	lokale Dermatophytose
Codein (Abgabe und Verschreibung unterliegen dem BtMG mit Ausnahme ausgenommener Zubereitungen)	Bronchicum Mono Codein Tropfen (32,5 mg Codeinphosphat/ml Lsg.) Ⓗ (Klosterfrau), Codicaps Mono (28,3 mg/Kapsel) Ⓗ (UCB) u. a. keine veterinär- oder humanmedizinische Inj.-Lsg. in Deutschland verfügbar	Antitussivum, Opioid, Narkotikum	Analgesie
Colestyramin (Cholestyramin)	Colestyramin (4 g Pulver/Beutel) Ⓗ (HEXAL, ratiopharm), Vasosan (4 g Granulat/Beutel) Ⓗ (Felgenträger) u. a.	Gallensäure-Komplexbildner, Lipidsenker	Hypercholesterinämie, Toxinabsorption bei Enterotoxämie, v. a. nach Antibiotikagabe
Colistin	Belacol (120 mg/g Pulver u. a., 240 mg/ml Lsg., 7,5 mg/ml Susp.) Ⓥ (bela-pharm), Colistin-Injektionslösung (10 mg/ml Inj.-Lsg.) Ⓥ (CP-Pharma) u. a.	Polypeptidantibiotikum, Polymyxin E, Schmalspektrum (gramnegativ), bakterizid	bakterielle Darminfektionen mit gramnegativen Erregern, Septikämie durch E. coli, Salmonellen, *Pseudomonas*, Klebsiellen

Mögliche Nebenwirkungen, Besonderheiten	Kontraindikationen	Tierart, Dosierung
bisweilen gastrointestinale Nebenwirkungen	Hepato-, Nephropathie: Therapieüberwachung **nicht anwenden bei Chinchilla, Hamster, Kaninchen, Meerschwein**	**Frettchen:** 5,5–12,5 mg/kg p.o., 2 × tgl. **Igel:** 5,5–10 mg/kg p.o., 2 × tgl. **Ratte:** 10 mg/kg p.o., 2 × tgl., über 2–3 Wo.
Lethargie, Arrythmien, Vomitus, Diarrhoe, Hepatotoxizität, Urinretention	Krampfneigung, Hepato-, Nephropathie, Glaukom	**Ratte:** 16–32 mg/kg p.o., 2 × tgl.
Thrombophlebitiden, Erbrechen, Durchfall, vorübergehend Hautrötung möglich	Überempfindlichkeiten gegen Clotrimazol	**Chinchilla:** äußerlich, 2–3 × tgl. **Gerbil:** äußerlich, 2–3 × tgl. **Kaninchen:** äußerlich, 2–3 × tgl.
Obstipation, Dämpfung des Atemzentrums	starke Bronchialsekretion	**Maus:** 10–20 mg/kg s.c., 4 × tgl.; 60–90 mg/kg p.o. **Ratte:** 40–60 mg/kg s.c., 6 × tgl.
Obstipation, selten Durchfall, Erbrechen, Anstieg der Leberenzyme	Gallengangsverschluss	**Kaninchen:** 2 g/Tier p.o., 1 × tgl., über 18–21 Tage
lokale Reizung (s.c., i.m.)	Niereninsuffizienz; nicht mit Cefalosporinen, Erythromycin, ungesättigten Fettsäuren, Polyphosphaten anwenden	**Chinchilla:** 2,5–3 mg/kg p.o., i.m., i.v., 1–3 × tgl.

Wirkstoff	Beispiele für Handelspräparate	Wirkung	Indikation
Cortisol (Hydrocortison)	Hydrocortison (10 mg/Tabl., 50 mg/ml Inj.-Lsg.) Ⓗ (Rotexmedica) u. a. Ⓥ: nur in Topika wie Spray, Augen- und Hautcreme	Glukokortikoid, Steroid, nichthalogeniertes Kortikoid	a) Hypoadrenokortizismus, Morbus Addison (Substitution) b) anaphylaktischer Schock
Cyclizin	kein veterinär- oder humanmedizinisches Arzneimittel in Deutschland verfügbar	H_1-Antihistaminikum, Antiemetikum	a) Reisekrankheit b) Tortikollis
Cyclophosphamid	Endoxan (50 mg/Dragee, 200 mg/g Pulver zur Herst. einer Inj.-Lsg.) Ⓗ (Baxter)	Immunsuppressivum, Zytostatikum	Autoimmunkrankheiten, Neoplasien
Cyclosporin A s. Ciclosporin			
Cyproheptadin	Peritol (4 mg/Tabl.) Ⓗ (Infectopharm)	5-Hydroxytryptamin (5-HT)-Antagonisten, Serotoninantagonist	Appetitanregung
Cytarabin	Cytarabin (1.000 mg/Inj.-Flasche) Ⓗ (Accord HC) u. a.	Zytostatikum, Pyrimidinantagonist	Lymphom
Deslorelinacetat	Suprelorin (4,7 mg/Implantat) Ⓥ (Virbac), Suprelorin (9,4 mg/Implantat) Ⓥ 🄵 (Virbac)	Gonadorelin, Releasing Hormone des Hypothalamus, GnRH-Analoga, Peptidhormone	a) vorübergehende Unfruchtbarkeit bei gesunden, nicht kastrierten, geschlechtsreifen Tieren b) nebennierenassoziierte Endokrinopathie (Nebennierenerkrankung) c) Ovarialzysten

Mögliche Nebenwirkungen, Besonderheiten	Kontraindikationen	Tierart, Dosierung
Natriumretention, Ödembildung, Hypokaliämie, ACTH, NNR-, Immunsuppression; Langzeitanwendung: Hautatrophie, Osteoporose, Wachstumshemmung, diabetogen, verzögerte Wundheilung	kongestive Herzinsuffizienz, chronische Niereninsuffizienz, virale Infektionen, Abwehrschwäche, Mykosen, Sepsis, Diabetes mellitus; **Vorsicht bei Kaninchen (steroidsensibel)**	a) **Frettchen:** 1–2 (–5) mg/kg p.o., i.m., i.v., 2 × tgl. b) **Frettchen:** 25–40 mg/kg i.v.
b) beim Menschen zur Behandlung des Vestibularsyndroms	Überempfindlichkeiten	b) **Kaninchen:** 8 mg/Tier p.o., 2 × tgl.
Haarausfall, Neurotoxizität, Erbrechen, Durchfall, hepatotoxisch, Hämatopoesestörung	renale oder postrenale Urämie, hämorrhagische Zystitis, Infektion der Harnwege, Knochenmarksdepression, Gravidität	**Frettchen:** 10 mg/kg p.o., s.c.; 200 mg/m^2 p.o., s.c. **Meerschwein:** 300 mg/kg i.p., 1 × tgl., 300 mg/m^2 i.p., 1 × tgl.
nicht bekannt	nicht bekannt	**Chinchilla:** 0,5 mg/kg p.o., 2 × tgl. **Meerschwein:** 0,5 mg/kg p.o., 2 × tgl.
nicht bekannt	nicht bekannt	**Frettchen:** 300 mg/m^2, alle 8 Wo.
Frettchen: vorübergehend moderate Schwellung, Pruritus und Erythem an der Implantationsstelle	nicht bekannt	**Frettchen:** a) 9,4 mg/Tier s.c., Unfruchtbarkeit 5–14 Wo. p. a. b) 4,7 mg/Tier s.c., Wirkungsdauer:10–18 Monate **Meerschwein:** a + c) 4,7 mg/Tier s.c. **Ratte:** a) 4,7 mg/Tier s.c.

Wirkstoff	Beispiele für Handelspräparate	Wirkung	Indikation
Desoxycorticosteronpivalat (DOCP)	kein veterinär- oder humanmedizinisches Arzneimittel in Deutschland verfügbar	Mineralokortikoid, langwirksam	Nebennierenrindeninsuffizienz nach bilateraler Nebennierenektomie
Dexamethason	Dexamethason (0,5 mg/Tabl.) Ⓥ (aniMedica, CP-pharma), Dexamethason-Injektionslösung (2 mg/ml Inj.-Lsg.) Ⓥ (verschiedene Hersteller), Voren (1 mg/ml Inj.-Susp.) Ⓥ (Boehringer Ingelheim) u. a.	Glukokortikoid, halogeniert	a) Allergie, nichtinfektiöse Entzündung b) Immunsuppression c) Kreislaufschock d) Enzephalopathien e) sterile Arthritis f) Gestationsketose
Dexmedetomidin	Cepedex (0,5 mg/ml Inj.-Lsg.) Ⓥ (Vétoquinol), Dexdomitor (0,1 mg/-0,5 mg/ml Inj.-Lsg.) Ⓥ (Vétoquinol), Dexmopet (0,5 mg/ml Inj.-Lsg.) Ⓥ (alfavet)	Sedativum, Xylazin-ähnlicher a_2-Agonist, Analgetikum, Muskelrelaxans	Analgesie, Sedation
Dexmedetomidin + Ketamin (+ Fentanyl) s. Ketamin			
Diazepam	Ziapam (5 mg/ml Inj.-Lsg.) Ⓥ (Ecuphar)	Antidepressivum, Antiepileptikum, Hypnotikum, Ataraktikum, Minor Tranquilizer	a) Narkoseprämedikation b) Epilepsie, Anxiolyse, antiaggressiv, Sedation c) Muskelrelaxation bei Uretherobstruktion d) Status epilepticus e) Appetitanregung

Mögliche Nebenwirkungen, Besonderheiten	Kontraindikationen	Tierart, Dosierung
Hypertension, Ödeme, Hypokaliämie, metabolische Alkalose, Irritation am Injektionsort	Hypertonie, kongestive Herzinsuffizienz, schwere Nierenerkrankungen, Trächtigkeit	**Frettchen:** 2 mg/kg i. m., alle 21 Tage
Appetitstimulation, Osteoporose, ACTH-, NNR-, Immunsuppression, nur geringe Mineralokortikoidwirkung; Langzeitanwendung: Hautatrophie, Osteoporose, Wachstumshemmung, diabetogen, verzögerte Wundheilung, Cushing-Syndrom; Kaninchen: u. a. Hepatopathien	virale Infektionen, akute bakterielle Infektionen, Abwehrschwäche, Mykosen, Sepsis, Diabetes mellitus, Glaukom, Hypokalzämie, Osteoporose, Knochennekrose, Geschwüre, Magen-Darm-Ulzera **Kaninchen: steroidsensibel, Anwendung unter extremer Vorsicht und nur gleichzeitig mit Magenschutz**	a) **Frettchen:** 0,5–2 mg/kg p. o., s. c., i. m., i. v. **Igel:** 0,1–1,5 mg/kg i. m. **Kaninchen:** 0,2–2 mg/kg p. o., s. c., i. m., i. v., 2 × tgl., Dosis vermindern über 3–14 Tage **Kleinnager:** 0,5–2 mg/kg p. o., s. c., 2 × tgl., Dosis vermindern über 3–14 Tage; 0,6 mg/kg i. m. c) **Frettchen:** 4–8 mg/kg i. m., i. v. **Kaninchen:** 2 mg/kg i. m., i. v. (Effektivität ist umstritten) **Kleinnager:** 4–5 mg/kg s. c., i. m., i. v., i. p. d) **Frettchen:** 1–2 mg/kg i. v. f) **Meerschwein:** 0,6 mg/kg i. m.
Bradykardie, AV-Block, Atemdepression, Erbrechen, Hypothermie, verminderte Insulinreaktion (Hyperglykämie)	Passagehindernisse im Gastrointestinaltrakt, Herzkrankheiten, Funktionsstörung der Atmungsorgane, Hepato-, Nephropathie, Diabetes mellitus, Gravidität	**Frettchen:** 0,04–0,1 mg/kg i. m. **Igel:** 0,02 mg/kg i. m. **Kaninchen:** 0,2–0,35 mg/kg s. c., i. m., i. v.
kaum Wirkung auf Kreislauf und Atmung; Kombi mit Ketamin; Meerschwein: beruhigend bei intensivem Juckreiz	Intoxikation durch zentraldämpfende Pharmaka	a) **Frettchen:** 1–5 mg/kg i. m., (i. v.) b) **Chinchilla:** 1 (–2) mg/kg i. m., i. p., (i. v.); 3–5 mg/kg i. m. **Frettchen:** 1 (–2) mg/kg i. m., i. v. **Gerbil:** 3–5 mg/kg i. m. **Hamster:** 3–5 mg/kg i. m. **Igel:** 0,5–2 mg/kg i. m.; 1–3 mg/kg i. v., alle 6–8 Std.

Wirkstoff	Beispiele für Handelspräparate	Wirkung	Indikation
→ Diazepam			
Diazepam + Ketamin s. Ketamin			
Diazoxid	Proglicem (25 mg/Kapsel u. a.) Ⓗ (MSD Sharp & Dohme)	Antihypoglykämikum (Wirksamkeit fraglich)	Insulinom
Dichlorphenamid	kein veterinär- oder humanmedizinisches Arzneimittel in Deutschland verfügbar	Carboanhydrase-Hemmstoff	Glaukom
Diclazuril	Vecoxan (2,5 mg/ml Susp.) Ⓥ (Elanco Animal Health)	Triazinderivat, Antikokzidium, Antiparasitikum	Kokzidiose, Protozoeninfektion

Mögliche Nebenwirkungen, Besonderheiten	Kontraindikationen	Tierart, Dosierung
		Kaninchen: a) 1–2 (–5) mg/kg s.c., i.m., i.v., i.p. b) 0,5–2 mg/kg i.m., i.v. **Kleinnager:** a + b) 0,5–5 mg/kg i.m., i.v., i.p., i.o. **Maus:** 3–5 mg/kg i.m. **Meerschwein:** 0,5–5 mg/kg i.m.; 0,6 mg/kg i.v., i.m., s.c., 1 × tgl. **Ratte:** 3–5 mg/kg i.m. c) **Frettchen:** 0,5 mg/kg p.o., i.m., i.v., 3–4 × tgl. d) **Frettchen:** 1–1,5 mg/Std. als DTI, i.v. e) **Frettchen:** < 1 mg/kg i.m.
Hypertonie, Lethargie, Depression, Übelkeit, Vomitus, Na^+-, Wasserretention, Leukopenie, Thrombopenie, Schwindel	Überempfindlichkeit, Allergie auf Benzothiadiazine, Herzinsuffizienz, Diabetes mellitus, nicht bei trächtigen und säugenden Tieren (embryotoxisch)	**Frettchen:** 5–30 (–60) mg/kg p.o., 2 × tgl., mit niedriger Dosierung beginnen **Meerschwein:** 25 mg/kg p.o., 2 × tgl.
Erbrechen, Durchfall, Hyperventilation, Depression, metabolische Azidose, Hyponatriämie, Hyperglykämie, Hypokaliämie, Dysurie, Polyurie, Knochenmarksdepression, Pruritus an Pfoten	chronisch nichtkongestives Winkelglaukom, Trächtigkeit, chronisch obstruktive Lungenerkrankung, schwere Leber- und Niereninsuffizienz, Elektrolytimbalancen, Azidose, Diabetes mellitus, Hyperadrenokortizismus, Sulfonamidallergie	**Kaninchen:** 1–2 mg/kg p.o., 1 × tgl.
nicht bekannt	nicht bekannt	**Kaninchen:** 4 mg/kg s.c.; 1 mg/kg Futter

Wirkstoff	Beispiele für Handelspräparate	Wirkung	Indikation
Diclofenac	Diclofenac (25 mg/Tabl.) Ⓗ (Aliud) u. a. *Augentropfen:* Voltaren Ophtha (0,93 mg/ml Augentr.) Ⓗ (Thea Pharma) u. a.	Analgetikum, nichtsteroidales Antiphlogistikum	a) nichtinfektiöse Entzündungen des vorderen Augenabschnitts (Blepharitis) b) muskuloskelettale Schmerzen, Entzündungen des Bewegungsapparats
Dicyclanil	Großbritannien: Clik (50 mg/ml Susp.) Ⓥ (Elanco Europe Ltd.)	Antiparasitikum, Insektenwachstumshemmer	Myiasisprophylaxe
Digoxin	Lanicor (0,25 mg/Tabl., 0,25 mg/Ampulle Inj.-Lsg.) Ⓗ (TEOFARMA), Lenoxin (0,125 mg/-0,25 mg/Tabl., 0,05 mg/ml Lsg.) Ⓗ (Aspen) u. a.	Herzglykosid, positiv ionotrop	kongestive (dilatative) Kardiomyopathie, Vorhofflimmern
Diltiazem	Diltiazem (60 mg/Tabl. u. a.) Ⓗ (Aliud) u. a.	Calciumantagonist, -kanalblocker, Antiarrhythmikum, blutdrucksenkend	supraventrikuläre Tachykardie, Vorhofflimmern, hypertrophe Kardiomyopathie
Dimeticon (Dimethylpolysiloxan, Simeticon)	Dimeticon (70 mg/ml Emulsion) Ⓥ [F] [K] [Kln] [Me] (Albrecht), Methysilox-Antitympanikum (15 mg/ml Emulsion) Ⓥ (almapharm, WDT)	Magen-Darm-Mittel, Antizymotikum	Gas-, Schaumbildung und Gasansammlung im Magen-Darm-Bereich, Meteorismus

Mögliche Nebenwirkungen, Besonderheiten	Kontraindikationen	Tierart, Dosierung
nicht bekannt	nicht bekannt	a) **Kaninchen:** topisch am Auge, 2 × tgl. b) **Maus:** 8 mg/kg p.o. **Meerschwein:** 2,1 mg/kg p.o. **Ratte:** 10 mg/kg p.o.
geringe Toxizität	nicht bekannt	**Kaninchen:** 30–100 mg/kg Spot-on, 1 × im Frühjahr, 16 Wo. Schutz
Anorexie, Erbrechen, Durchfall, Apathie, Herzarrhythmie, Serumlevel-Monitoren	obstruktive und hypertrophe Kardiopathien, ventrikuläre Tachykardie, Bradykardie, Hyperkalzämie, Nierenfunktionsstörung (dann Dosisreduktion)	**Frettchen:** akut: 0,03–0,04 mg/kg i.v., EKG-Kontrolle; Dauerbehandlung: 0,005–0,01 mg/kg p.o., 1–2 × tgl. **Hamster:** 0,05–0,1 mg/kg p.o., 1–2 × tgl. **Kaninchen:** 0,005–0,01 mg/kg p.o., i.v., alle 1–2 Tage **Kleinnager:** 0,005–0,01 mg/kg p.o., 1–2 × tgl. **Meerschwein:** 0,01–0,02 (–0,03) mg/kg p.o., i.v., 2 × tgl. **Ratte:** 0,05 mg/kg p.o., 2 × tgl.
Bradykardie, Hypotonie, Apathie	dekompensierte Herzinsuffizienz, AV-Blockade, kardiogener Schock	**Frettchen:** 1,5–7,5 mg/kg p.o., 2 × tgl. **Kaninchen:** 0,5–1 mg/kg p.o., 1–2 × tgl. **Kleinnager** (die meisten Arten): 0,5–1 mg/kg p.o., 1–2 × tgl.
nicht bekannt	Überempfindlichkeit, Darmverschluss	**Frettchen:** 0,5–1 ml/kg p.o., 3–6 × tgl. **Kaninchen:** 0,5–1 ml/kg p.o., 3–6 × tgl. **Kleinnager:** 0,5–1 ml/kg p.o., 3–6 × tgl.; 70 mg/kg p.o. nach Bedarf **Meerschwein:** 0,5–1 ml/kg p.o., 3–6 × tgl.

Wirkstoff	Beispiele für Handelspräparate	Wirkung	Indikation
Dimetridazol	chevi-col (12,5 mg/Kapsel, 400 mg/g Pulver) Ⓥ (Chevita)	antimikrobielles Chemotherapeutikum (Schädigung von Mikroorganismen durch Chromosomenbrüche), Nitroimidazol	Infektionen durch anaerobe Bakterien und Protozoen wie: Clostridien, *Campylobacter*, *Bacteroides*, Histomonaden, Trichomonaden; Maus/Ratte: gastrointestinale Protozoen
Diphenhydramin	Dolestan (25 mg/Tabl. u. a.) Ⓗ (Krewel Meuselbach) u. a. keine veterinär- oder humanmedizinische Inj.-Lsg. in Deutschland verfügbar	Antiallergikum, H_1-Antihistaminikum, Bronchospasmolytikum, Antiemetikum	a) Allergien (Haut, Urtikaria, Rhinitis, Bronchien), Anaphylaxie, Sedation, Erbrechen durch Transport b) Tortikollis (Kaninchen)
Distickstoffmonoxid, Lachgas, Stickoxydul	Lachgas, medizinisches Gas (Medizinprodukt)	Inhalationsnarkotikum	Inhalationsanästhesie
Dopamin	Dopamin Fresenius (10 mg/ml Konz. zur Herst. einer Inf.-Lsg. u. a.) Ⓗ (Fresenius Kabi) u. a.	α-Sympathomimetikum mit dopaminerger Wirkung	Schockzustände, akutes Kreislaufversagen, Erhöhung der Nierendurchblutung, narkosebedingte Hypotension
Doramectin	Dectomax (5 mg/ml Lsg., 10 mg/ml Inj.-Lsg.) Ⓥ (Elanco Animal Health)	Endektozid, makrozyklisches Lakton	Ekto-, Endoparasitosen: Magen-Darm-Nematoden, Lungenwürmer, Haarlinge, Läuse, Räudemilben, Cheyletiellose, Demodikose

Mögliche Nebenwirkungen, Besonderheiten	Kontraindikationen	Tierart, Dosierung
ZNS-Symptome bei höheren Dosen	nicht bekannt	**Chinchilla:** 0,8–1 mg/ml Trinkwasser **Gerbil:** 0,5 mg/ml Trinkwasser, über 10 Tage **Hamster:** 0,5 mg/ml Trinkwasser, über 10 Tage **Kaninchen:** 0,2 mg/ml Trinkwasser **Maus:** 1–4 mg/ml Trinkwasser **Meerschwein:** 20–50 mg/kg p.o., 1 × tgl., über 7 Tage **Ratte:** 1–4 mg/ml Trinkwasser
zentrale Dämpfung, bisweilen Erbrechen, Glaukombildung, beim Menschen zur Behandlung des Vestibularsyndroms, in hohen Dosen als Prämedikation bei Gefahr von Impfreaktionen	Glaukom	**Chinchilla:** 1–2 mg/kg p.o., s.c., 2 × tgl. **Frettchen:** 0,5–2 mg/kg p.o., i.m., i.v., 2–3 × tgl. **Hamster:** 1–2 mg/kg p.o., s.c., 2 × tgl. **Kaninchen:** 2 mg/kg p.o., s.c., 2–3 × tgl. **Maus:** 1–2 mg/kg p.o., s.c., 2 × tgl. **Meerschwein:** 1–5 mg/kg s.c. **Ratte:** 1–2 mg/kg p.o., s.c., 2 × tgl.
keine (evtl. ZNS-Anregung)	Ileus	**Hamster, Meerschwein:** Lachgas-Sauerstoff-Gemisch 2 : 1
Tachykardie, ventrikuläre Arrhythmie	Hypertonie, Tachyarrhythmie, Herzinsuffizienz (außer Herzstillstand), Glaukom, letztes Trächtigkeitsdrittel, hgr. Niereninsuffizienz	**Meerschwein:** 0,08 mg/kg i.v. nach Bedarf
Igel: bei Überdosierung besteht Exitusgefahr	geschwächte, junge oder zu leichte Igel	**Hamster:** 0,1–0,4 (–0,5) mg/kg s.c., 1 ×/Wo., 3 Behandl. **Igel:** 0,06 mg/kg p.o., 1 ×; 0,3 mg/kg s.c., Spot-on, 1 ×, Wdh. nach 10–14 Tagen **Kaninchen:** 0,5 mg/kg s.c.

Wirkstoff	Beispiele für Handelspräparate	Wirkung	Indikation
→ Doramectin			
Dorzolamid	Dorzolamid (20 mg/ml Augentr.) Ⓗ (ratiopharm) u. a.	Carboanhydrase-Hemmstoff	Glaukom
Doxapram	Doxapram (20 mg/ml Inj.-Lsg.) Ⓥ (Albrecht)	Atemanaleptikum (überwiegend peripher wirksam), Atemstimulans	Atemdepression durch Medikamente, Narkosezwischenfall, Abkürzung einer Narkose, Asphyxie der Neugeborenen
Doxorubicin	Adrimedac (2 mg/ml Inj.-Lsg.) Ⓗ (medac), Doxorubicin (2 mg/ml Inj.-Lsg.) Ⓗ (HEXAL u. a.)	vom Zellzyklus unabhängiges Zytostatikum, polyzyklisches Antibiotikum (Anthracyclin)	a) Karzinome, Sarkome, Lymphome, Hämoblastosen b) frühes Stadium Insulinom
Doxycyclin	Centidox (1000 mg/g Pulver) Ⓥ (Albrecht), Doxycycline Calier (500 mg/g Pulver) Ⓥ (Pharmanovo, Calier), Pulmodox (50 mg/g Pulver, 500 mg/g Granulat, u. a.) Ⓥ (Virbac), Ronaxan (100 mg/Tabl.) Ⓥ (Merial)	Tetracyclin, bakteriostatisches Breitspektrumantibiotikum	Infektionen durch grampositive oder -negative Bakterien wie Streptokokken, Staphylokokken, Corynebakterien, Pasteurellen, Bordetellen, *Acinetobacter*, Mycoplasmen, Clostridien Ehrlichien (nach Antibiogramm)

Mögliche Nebenwirkungen, Besonderheiten	Kontraindikationen	Tierart, Dosierung
		Meerschwein: 0,2–0,5 mg/kg p.o., s.c., 3 × im Abst. von 1–2 Wo. **Ratte:** 0,2 mg/kg p.o., 1 × tgl., über 4 Tage
nicht bekannt	nicht bekannt	**Kaninchen:** topisch am Auge, 2–3 × tgl. **Ratte:** 1 Tr. einer 1%igen Lsg. (=10 mg/ml) topisch am Auge, 2 × tgl.
nicht bekannt	Atemwegsobstruktion, Hyperthyreose, Vorsicht bei Epilepsie	**Chinchilla:** 5–10 mg/kg i.v., i.p. **Frettchen:** 1–5 (–11) mg/kg i.v.; 5–11 mg/kg i.v. **Gerbil:** 5–10 mg/kg i.v., i.p. **Hamster:** 5–10 mg/kg i.v., i.p. **Igel:** 2–10 mg/kg i.v., i.p. **Kaninchen:** 2–5 mg/kg s.c., i.v., alle 15 min **Maus:** 5–10 mg/kg i.v., i.p. **Meerschwein:** 2–10 mg/kg i.v., i.p., s.c. **Ratte:** 5–10 mg/kg i.v., i.p.
Haarausfall, Haut-, Schleimhautreizung, Kardiopathie, Knochenmarksdepression, (kardiotoxisch! Herzkontrolle!), b) Prämedikation mit Diphenhydramin (5 mg/Tier s.c.)	akute Infektionen, Knochenmarksdepression, Panzytopenie, Myokarderkrankung, Gravidität	a) + b) **Frettchen:** 1 mg/kg i.v., alle 21 Tage, 4 Behandl.; 20–30 mg/m^2 i.v. a) **Maus:** 9 mg/kg i.v., alle 7 Tage, 2 Behandl.
Anorexie, Fieber, fototoxische Reaktionen, Blähung, Erbrechen, Durchfall, Leberverfettung (seltener als bei Tetracyclinen), bei Mäusen/Ratten mit Pneumonie Kombi mit Enrofloxacin	Trächtigkeit, Neugeborene, Tiere im Alter des Zahnwachstums, gestörte Wasser- und Futteraufnahme	**Chinchilla:** 2,5 mg/kg p.o., 2 × tgl. **Gerbil:** 2,5 mg/kg p.o., 2 × tgl. **Igel:** 2,5–10 mg/kg p.o., s.c., i.m., 2 × tgl. **Kaninchen:** 2,5 mg/kg p.o., 2 × tgl.; 4 mg/kg p.o., 1 × tgl. **Maus:** 2,5–5 mg/kg p.o., 2 × tgl.; Depotpräparat: 70–100 mg/kg s.c., i.m., alle 7 Tage; 0,05 mg/ml Trinkwasser über 7 Tage

Wirkstoff	Beispiele für Handelspräparate	Wirkung	Indikation
→ Doxycyclin			
ECG (Equine Chorionic Gonadotropin), s. Gonadotropin, ECG			
Eisendextran	phenolfreie Inj.-Lsg.: Belfer (100 mg/ml Inj.-Lsg.) Ⓥ (bela-pharm), Vetofer (100 mg/ml Inj.-Lsg.) Ⓥ (Vétoquinol) phenolhaltige Inj.-Lsg.: Ursoferran (100 mg/ml Inj.-Lsg., 150 mg/ml Lsg.) Ⓥ (MEDISTAR, Serumwerk Bernburg, WDT) u. a.	organische Eisen(III)-hydroxid-Komplexe, Spurenelement	Eisenmangelanämie
Emodepsid [E] + Praziquantel [P]	Profender (21 mg [E] + 86 mg [P]/ml Lsg., 3 mg [E] + 15 mg [P]/Tabl.) Ⓥ (Bayer Vital)	Anthelminthikum, Depsipeptid	Befall mit Magen-Darm-Nematoden, a) *Trichostrongylus colubriformis*
Enalapril	Enacard (1 mg/–2,5 mg/–5 mg/Tabl. u. a.) Ⓥ (Merial), Enadog (5 mg/Tabl. u. a.) Ⓥ (Albrecht), Enalatab (5 mg/Tabl. u. a.) Ⓥ (CP-Pharma)	ACE-Hemmer, Vor-, Nachlastsenker	Hypertonie, kongestive Herzinsuffizienz, Mitralklappeninsuffizienz, dilatative Kardiomyopathie
Enfluran	kein veterinär- oder humanmedizinisches Arzneimittel in Deutschland verfügbar	Inhalationsnarkotikum	Inhalationsnarkose
Enilconazol	Imaverol (100 mg/ml Lsg.) Ⓥ (Elanco Animal Health)	Antimykotikum	Dermatomykosen, Rhinomykosen

Mögliche Nebenwirkungen, Besonderheiten	Kontraindikationen	Tierart, Dosierung
		Meerschwein: 2,5 mg/kg p.o., 2 × tgl. **Ratte:** 2,5–5 mg/kg p.o., 2 × tgl.; Depotpräparat: 70–100 mg/kg s.c., i.m., alle 7 Tage
evtl. Schwarzfärbung des Kots	nicht bekannt	phenolhaltige Lsg.: **Frettchen:** 10 mg/Tier i.m., 1 × **Igel:** 25 mg/kg i.m. 1 × **Kaninchen:** 4–6 mg/kg i.m., 1 ×; phenolfreie Lsg.: neben besserer Verträglichkeit besser bioverfügbar – Dosis ggf. halbieren!
nicht bekannt	nicht bekannt	**Kaninchen:** a) [E] 3 mg + [P] 12 mg/kg topisch, 1 ×
breite Dosisverträglichkeit, anfangs Hypotonie, Müdigkeit, vorübergehend Azotämie möglich	Mitralklappen-, Aortenstenose, Niereninsuffizienz	**Frettchen:** 0,25–0,5 mg/kg p.o., alle 1–2 Tage **Igel:** 0,5 mg/kg p.o., 1 × tgl. **Kaninchen:** 0,1–0,5 mg/kg p.o., alle 1–2 Tage **Meerschwein:** 0,5 mg/kg p.o., 1 × tgl.
atemdepressiv, hypotonisch, negativ ionotrop; keine Bradykardie	Epilepsie, Kreislaufschock, Kardio-, Hepato-, Nephropathien, Azidose	**alle:** Einleitung: 2–4 % der Atemluft, 10 min; Erhaltung: 1,5–3 % der Atemluft **Igel:** kein Effekt **Kaninchen:** MAC 2,9 % **Meerschwein:** MAC 2,17 %
nicht bekannt	nicht bekannt	0,2%ige Lsg. (= 2 mg/ml): **Chinchilla:** örtlich über 7–10 Tage **Frettchen:** Waschung alle 4 Tage **Gerbil:** örtlich alle 3–4 Tage **Igel:** Waschung alle 3–4 Tage, über 12–16 Tage **Kaninchen:** Waschung alle 3–4 Tage **Maus:** örtlich alle 7 Tage

Wirkstoff	Beispiele für Handelspräparate	Wirkung	Indikation
→ Enilconazol			
Enrofloxacin	Baytril (25 mg/ml Inj.-Lsg. Ⓚ, 100 mg/ml Lsg. Ⓚ), 5 mg/ml Lsg., 15 mg/Tabl. u. a.) Ⓥ (Bayer Vital), Enro-K (5 mg/ml Lsg. u. a.) Ⓥ (bela-pharm), Enrobactin (25 mg/ml Konz. zur Herst. einer Lsg.) Ⓥ Ⓚ [Kln] (CP-Pharma), Enrofloxacin (25 mg/ml Inj.-Lsg. u. a.) Ⓥ (WDT), Orniflox (25 mg/ml Konz. zur Herst. einer Lsg.) Ⓥ Ⓚ [Kln] (Albrecht), Xeden (15 mg Tabl. u. a.) Ⓥ (CEVA) u. a.	Fluorchinolon, Gyrasehemmer, bakterizides Breitspektrumantibiotikum	Infektionen durch grampositive oder -negative Bakterien (außer Anaerobier, nach Antibiogramm), inkl. akute Gastroenteritis; wirksam besonders gegen Staphylokokken, *Pseudomonas*, Enterobacteriaceae, Chlamydien, Mykobakterien, Pasteurellen, Klebsiellen, Mykoplasmen

Mögliche Nebenwirkungen, Besonderheiten	Kontraindikationen	Tierart, Dosierung
		Meerschwein: Waschung alle 3–4 Tage **Ratte:** örtlich, alle 3–4 Tage **Alle:** örtliche Behandlung allein nicht ausreichend; ergänzen mit Behandlung systemisch und Umgebung
selten gastrointestinale Störungen (Übelkeit, Erbrechen, Durchfall), Knorpelschädigung, hohe oder lange Dosierung: Tubulusepithelschäden, Mykoplasmen-Inf.: Kombi mit Doxycyclin (5 mg/kg) **Kaninchen:** bei i. c.- und i. m.-Anw. Muskelnekrosen oder sterile Abszesse möglich (Verdünnung mit NaCl- oder Ringer-Lsg. möglich)	nicht bei jungen Tieren oder im Wachstumsalter verwenden (Arthropathien möglich), zentrale Anfallsleiden, Trächtigkeit, Säugezeit	**Chinchilla:** 5–15 mg/kg p. o., s. c., i. m., 1–2 × tgl.; 5–20 (–85) mg/kg p. o., s. c., 1–2 × tgl., über 14 Tage **Frettchen:** 5–20 mg/kg p. o., s. c., i. m., 1–2 × tgl.; 10–20 mg/kg p. o., s. c., i. m., 1–2 × tgl. **Gerbil:** 5–10 mg/kg p. o., s. c., 1–2 × tgl.; 5–20 mg/kg p. o., i. m., 1–2 × tgl.; 0,1 mg/ml Trinkwasser; Pasteurellose: 0,05–2 mg/ml Trinkwasser über 14 Tage **Hamster:** 5–10 mg/kg p. o., s. c., i. m., 1–2 × tgl.; 0,1 mg/ml Trinkwasser; Pasteurellose: 0,05–2 mg/ml Trinkwasser über 14 Tage **Igel:** 2,5–10 mg/kg p. o., s. c., i. m., 2 × tgl. **Kaninchen:** 5–10 (–20) mg/kg p. o., s. c., i. m., i. v., 1–2 × tgl.; 0,2 mg/ml Trinkwasser, über 14 Tage **Maus:** 5,0–10 mg/kg p. o., s. c. i. m., 1–2 × tgl.; 0,1 mg/ml Trinkwasser; Pasteurellose: 0,05–0,2 mg/ml Trinkwasser, über 14 Tage; 0,25 mg/ml Trinkwasser über 7 Tage **Meerschwein:** 5–15 mg/kg p. o., s. c., i. m., 1–2 × tgl.; 5–20 (–85) mg/kg p. o., s. c., 1–2 × tgl., über 14 Tage **Ratte:** 5–10 mg/kg p. o., s. c., i. m., 1–2 × tgl.; 0,1 mg/ml Trinkwasser; Pasteurellose: 0,05–2 mg/ml Trinkwasser über 14 Tage; Mykoplasmose: 10 mg Enrofloxacin + 5 mg Doxycyclin/kg p. o., 1–2 × tgl.

Wirkstoff	Beispiele für Handelspräparate	Wirkung	Indikation
Enterococcus faecium	ProPre-Bac (5×10^8 KBE/ml Susp.) Ⓥ [F] [K] [Kln] [M] (Albrecht)	Probiotikum	Stabilisierung der Darmflora (Wirkung umstritten)
Ephedrin	Caniphedrin (16,3 mg/Tabl. u. a.) Ⓥ (Selectavet), Enurace (8,1 mg/Tabl. u. a.) Ⓥ (Ecuphar)	Sympathomimetikum, Bronchospasmolytikum, (antihistaminerg)	Incontinentia urinae, Bronchialasthma, Kreislaufschwäche bis zum Kollaps, Anaphylaxie
Epinephrin s. Adrenalin			
Epoetin alfa	Abseamed (2000 I. E./ml Inj.-Lsg. u. a.) Ⓗ (Medice) u. a.	biosynthetisches Erythropoetin, Antianämikum	Anämie, bes. bei Nephropathie
Eprinomectin	Eprecis (5 mg/ml Lsg., 20 mg/ml Inj.-Lsg.) Ⓥ (CEVA), Eprinex (5 mg/ml Lsg.) Ⓥ (Merial)	Endektozid, makrozyklische Lakton	*Psoroptes*-Räude
Erythromycin	Erythrocin (200 mg/ml Inj.-Lsg.) Ⓥ (CEVA), Erythrocin W (50 mg/g Pulver) Ⓥ (CEVA), Erytrotil (50 mg/ml Lsg.) Ⓥ (CEVA)	Makrolid, bakteriostatisches Mittelbandspektrumantibiotikum	Infektionen durch grampositive Bakterien, gramnegative Kokken, Mykoplasmosen (Antibiogramm), bes. Respirations-, Urogenitaltrakt, Osteomyelitis, Pyodermie, Mastitis, Metritis
Ethacridinlactat	Acridinpulver (1 mg/g Pulver) Ⓥ [F] [K] [Kln] (WDT), Acridinsalbe (5 mg/g Salbe) Ⓥ [F] [K] [Kln] (WDT), Äthakridin (5 mg/g Salbe) Ⓥ [F] [K] [Kln] (MEDISTAR, Serumwerk Bernburg)	Antiseptikum, Acridinfarbstoff	Verletzungen der äußeren Haut und Genitalschleimhaut
Ethylendiamintetraessigsäure s. Calcium-Di-Natrium-EDTA			

Mögliche Nebenwirkungen, Besonderheiten	Kontraindikationen	Tierart, Dosierung
nicht bekannt	Überempfindlichkeit	**Frettchen, Kaninchen, Kleinnager, Meerschwein:** 5×10^8 KBE/kg p. o., 1–2 × tgl., über 5 Tage
Tachykardie, ventrikuläre Rhythmusstörung	Herzmuskelschäden, Hypertonie, Hyperthyreose, Glaukom	**Meerschwein:** 1 mg/kg p. o., i. v., nach Bedarf
Hautausschläge	Hypertonie	**Frettchen:** 50–150 I. E./kg p. o., i. m., alle 2 Tage (7 Tage über Ziel-Hämatokrit hinaus) **Kaninchen:** 50–150 I. E./kg s. c., alle 2–3 Tage
nicht bekannt	nicht bekannt	**Kaninchen:** 0,2–0,3 mg/kg s. c., 1×; 0,2 mg/kg topisch, 1 ×
rasche Resistenzentwicklung; evtl. örtliche, entzündliche Reaktion (i. m.-Inj.), proliferative Ileitis (v. a. Hamster), Enterotoxämie	Langzeitbehandlung; Erythromycin-resistente Erreger, **nicht oder nur mit Vorsicht bei Chinchilla, Hamster und Meerschwein anwenden**	**Frettchen:** 10 mg/kg p. o., 4 × tgl.; 220 g/t Futter **Hamster:** 0,02 mg/ml Trinkwasser, über 5 Tage; 0,13 mg/ml Trinkwasser (Vorsicht, unter Kontrolle) **Igel:** 10 mg/kg p. o, i. m., 2 × tgl. **Kaninchen:** 5–10 mg/kg p. o., 4 × tgl.; 10–20 mg/kg p. o., s. c., i. m., 2–3 × tgl.; 15–25 mg/kg p. o., 2–3 × tgl. **Maus:** 20 mg/kg p. o., 2 × tgl. **Ratte:** 20 mg/kg p. o., 2 × tgl.
allergische Hautreaktion unter Sonnenlichteinwirkung	Unverträglichkeit mit Quecksilbersalzen und anderen Desinfektionsmitteln	**Hamster, Kaninchen, Kleinnager, Meerschwein:** Salbe bzw. 0,05–1%ige Lsg. (0,05%ig = 1 g/2 l, 1%ig = 1 g/100 ml), lokal nach Bedarf auftragen

Wirkstoff	Beispiele für Handelspräparate	Wirkung	Indikation
Etilefrin	Bioflutin (5 mg/ml Lsg.) Ⓗ (Südmedica), Effortil (5 mg/Tabl., 7,5 mg/ml Lsg.) Ⓗ (Sanofi-Aventis)	α-, β-Sympathomimetikum	Kreislaufinsuffizienz
Etomidat	Hypnomidate (2 mg/ml Inj.-Lsg.) Ⓗ (Janssen-Cilag), Etomidat-Lipuro (2 mg/ml Inj.-Emulsion) Ⓗ (Braun Melsungen)	Injektionsnarkotikum	Anästhesieeinleitung
Famotidin	Famotidin (20 mg/Tabl. u. a.) Ⓗ (ratiopharm, STADApharm, Teofarma)	Antazidum, H_2-Antagonist, Säureblocker	akute Gastritis, Magenulzera, Refluxösophagitis, Pankreatitis
Febantel [F] (+ Pyrantel [P] + Praziquantel [Pq])	Drontal flavour plus (150 mg F + 50 mg Pq + 50 mg P/Tabl.) Ⓥ (Bayer Vital), Strantel (150 mg F + 50 mg Pq + 50 mg P/Tabl.) Ⓥ (CP-Pharma), Welpan (15 mg F + 5 mg P/ml Susp.) Ⓥ (Bayer Vital) u. a.	Anthelminthikum, Probenzimidazol	a) Befall mit Magen-Darm-Nematoden, auch Larvenformen; in höheren Dosen: Zestoden außer Echinokokken b) Crenosomose
Fenbendazol	Ascapilla (8 mg/Kapsel) Ⓥ (chevita), Coglazol (40 mg/g Pulver) Ⓥ (CEVA), Fenbendatat (50 mg/g Pulver) Ⓥ (aniMedica, Kon-Pharma), Fenbendazol (100 mg/ml Gel) Ⓥ (aniMedica), Fenbenol (100 mg/ml Salbe) Ⓥ (CP-Pharma), Panacur (187,5 mg/g Paste, 250 mg/Tabl., 222 mg/g Granulat,	Anthelminthikum, Benzimidazol	Befall mit Askariden, (*Ancylostoma*), *Trichuris*, *Uncinaria*, Taenien, Giardien (Lamblien), Trichostrongyliden, *Encephalitozoon*, *Crenosoma*, *Capillaria* spp., *Hymenolepis* (Zestoden)

Mögliche Nebenwirkungen, Besonderheiten	Kontraindikationen	Tierart, Dosierung
ventrikuläre Arrhythmie, Hypertonie, Hyperglykämie	Hypertonie, Tachyarrhythmie, Herzinsuffizienz (außer Herzstillstand), Glaukom, letztes Trächtigkeitsdrittel, hgr. Niereninsuffizienz	**Hamster:** 0,1–1 mg/kg p. o. **Igel:** 0,75 mg/kg p. o., 1–2 × tgl. **Meerschwein:** 0,5–1 mg/kg p. o., s. c.
mit Benzodiazepinen verwenden, um Krampfanfälle zu vermeiden	nicht bekannt	**Frettchen:** 1 mg/kg i. v. **Kaninchen:** 1–2 mg/kg **Kleinnager** (die meisten Tierarten): 1–2 mg/kg i. v. **Maus:** 24–33 mg/kg i. p., Wirkdauer 20 min; 11,2 mg/kg i. v., Wirkdauer 20 min
selten Durchfall oder Obstipation	nicht bekannt	**Chinchilla:** 0,4–0,5 mg/kg p. o., s. c., 1 × tgl. **Frettchen:** 0,25–0,05 (–0,25) mg/kg p. o., s. c., i. v., 1 × tgl. **Kaninchen:** 0,5–1 mg/kg p. o., s. c., i. v., 1–2 × tgl. **Igel:** 1 mg/kg s. c., 1 × tgl. **Meerschwein:** 0,4–0,5 mg/kg p. o., s. c., 1 × tgl.
große therapeutische Breite, jedoch potenziell embryotoxisch, teratogen	trächtige oder säugende Tiere	a) **Kaninchen:** 8–10 mg/kg p. o.; [F] 15 mg + [Pq] 0,5 mg + [P] 0,5 mg/kg p. o., 1 × a) **Kleinnager** (die meisten Arten): 10 mg/kg o. o., 1 × tgl., über 3 Tage b) **Igel:** 50–100 mg/kg p. o., 1 × tgl., über 5–7 Tage
Enzephalitozoon: keine vollständige Erregerelimination	trächtige oder säugende Tiere	**Chinchilla:** 20 mg/kg p. o., 1 × tgl., über 5 Tage; Giardien: 50 mg/kg p. o., 1 × tgl., über 5 Tage **Frettchen:** 20 mg/kg p. o., 1 × tgl., über 5 Tage; 50 mg/kg p. o., 1 × tgl., über 30 Tage **Gerbil:** 20 mg/kg p. o., 1 × tgl., über 5 Tage; Giardien: 50 mg/kg p. o., 1 × tgl., über 5 Tage; Magenwürmer: 50 mg/kg p. o., 1 Behandl.

Wirkstoff	Beispiele für Handelspräparate	Wirkung	Indikation
→ Fenbendazol	25 mg/ml Susp. u. a.) Ⓥ (Intervet)		
Fentanyl (BtM-Regelung: nur für Praxisbedarf, keine Abgabe an Tierhalter)	Fentadon (0,05 mg/ml Inj.-Lsg.) Ⓥ (Albrecht), Durogesic (12,5 µg/Std. transdermales Pflaster u. a.) Ⓗ (Janssen-Cilag)	morphinartiges Analgetikum, Opioid	Narkoseprämedikation, Analgesie, Neurolept-, Ataranalgesie a) Fentanyl [F] + Ketamin [K] + Medetomidin [M] s. Ketamin

Mögliche Nebenwirkungen, Besonderheiten	Kontraindikationen	Tierart, Dosierung
		Hamster: 20 mg/kg p. o., über 5 Tage; Giardien: 50 mg/kg p. o., 1 × tgl., über 5 Tage; *Hymenolepis nana*: 300 mg/kg Futter, über 5 Tage; *H. diminuta*: 30–50 mg/kg Futter, über 5 Tage **Igel:** *Capillaria, Crenosoma, Hymenolepis:* 50–100 mg/kg p. o., 1 × tgl., über 5 Tage **Kaninchen:** 5–10 mg/kg p. o., nach Bedarf alle 14 Tage; 5–20 mg/kg p. o., 1 × tgl., über 5 Tage, Wdh. in 14 Tagen; Encephalitozoonose: therap.: 20 mg/kg p. o., 1 × tgl., über 21 Tage; proph.: 20 mg/kg p. o., 1 × tgl., über 3–10 Tage **Maus:** 20 mg/kg p. o., 1 × tgl., über 5 Tage; Giardien: 50 mg/kg p. o., 1 × tgl., über 5 Tage; Zestoden, Magenwürmer: 100 (–300) mg/kg Futter, über 5 Tage **Meerschwein:** 20 mg/kg p. o., 1 × tgl., über 5 Tage; Giardien: 50 mg/kg p. o., 1 × tgl., über 5 Tage, 100 mg/kg Futter, über 5 Tage **Ratte:** 20 mg/kg p. o., 1 × tgl., über 5 Tage; Giardien: 50 mg/kg p. o., 1 × tgl., über 5 Tage
wie Morphin, sedativ, als Pflaster 3–5 Tage, als Injektion zu kurz wirksam, stark sedativ und atemdepressiv, Inj.-Verdünnung 1 : 10, um Entzündung an der Inj.-Stelle zu reduzieren	wie Morphin, nicht bei Fieber, Hepato-, Nephropathie, erhöhter intrakranialer Druck; **nicht bei Hamstern und Gerbilen anwenden**	**Chinchilla:** 0,02 mg/kg i. m. zur Analgesie; 0,2 mg/kg i. m. zur Narkose **Frettchen:** postoperative Analgesie: 1,25–5 µg/kg/h i. v.; perioperative Analgesie: initial 5–10 µg/kg i. v., anschl. 10–30 µg/kg/h i. v.

Wirkstoff	Beispiele für Handelspräparate	Wirkung	Indikation
→ Fentanyl (BtM-Regelung: nur für Praxisbedarf, keine Abgabe an Tierhalter)			
Fentanyl + Ketamin (+ Medetomidin oder Dexmedetomidin) s. Ketamin			
Fentanyl + Medetomidin + Midazolam s. Medetomidin			
Finasterid	Finasterid Ⓗ (Hormosan)	Antiandrogen	Prostatavergrößerung
Fenthion	Tiguvon (100 mg/ml Lsg.) Ⓥ (Bayer Vital)	Ektoparasitikum, Insektizid, Akarizid, Organophosphat	Flohbefall
Fipronil	Effipro (2,5 mg/ml Spray, 100 mg/ml Lsg. als 0,5 ml Pipette u. a.) Ⓥ (Virbac), Frontline (2,5 mg/ml Spray, 100 mg/ml Lsg. als 0,5 ml Pipette u. a.) Ⓥ (Merial) u. a.	Ektoparasitikum, Insektizid	a) Befall mit Flöhen, Zecken, Haarlingen b) Prophylaxe gegen Flöhe (adultizid 4 Wo.), Zecken (akarizid 2 Wo.)

Mögliche Nebenwirkungen, Besonderheiten	Kontraindikationen	Tierart, Dosierung
		Kaninchen: 0,0074 mg/kg i.v.; 25 µg/Std./3 kg Pflaster, am lateralen Thorax nach Schur über 3 Tage mit Band befestigen; i nitial 5–10 µg/kg i.v., anschl. 30–100 µg/kg/min Infusion i.v. **Maus:** 0,006 mg/kg s.c.; 0,025–0,6 mg/kg s.c. **Ratte:** 0,16 mg/kg s.c.
Frettchen: zusätzlich bei nebennierenassoziierter Endokrinopathie	nicht bekannt	**Frettchen:** 5 mg/kg p.o., 1 × tgl.
Igel: bei Überdosierung besteht Exitusgefahr	geschwächte, junge oder zu leichte Igel	**Igel:** 30 mg/kg Spot-on, 1 ×
geringe akute Toxizität; Überdosierung: Übererregung, Tremor, Krämpfe	Hautläsionen, allgemeine Schwäche, nicht bei Jungtieren, **nicht bei Kaninchen und geschwächten Igeln anwenden** (neurologische Störungen, Tod)	a) **Chinchilla:** 7,5–15 mg/kg (2–4 Pumpstöße/kg) mit Handschuh einreiben **Meerschwein:** 3 ml/kg als 0,25%iges Spray (7,5 mg/kg) als Ganzkörpereinreibung, 3 × im Abstand von 10 Tagen **Ratte:** 4 ml/kg als 0,25%iges Spray (10 mg/kg) als Ganzkörpereinreibung, Wdh. nach 1 Mon. b) **Frettchen:** $^1/_5$–$^1/_2$ einer Spot-on-Pipette (10–25 mg) für Katzen, örtlich alle 60 Tage **Hamster:** 7,5 mg/kg, örtlich alle 30–60 Tage **Maus:** 7,5 mg/kg, örtlich alle 30–60 Tage

Wirkstoff	Beispiele für Handelspräparate	Wirkung	Indikation
Fipronil [F] + S-Methopren [M]	Frontline Combo (100 mg/ml + 120 mg/ml Lsg.) Ⓥ (Merial)	[F]: s. oben [M]: Ektoparasitikum, Insektizid, Juvenilhormonanaloga	a) Befall mit Flöhen, Zecken b) Prophylaxe gegen Flöhe (adultizid 4 Wo.), Zecken (akarizid 2 Wo.)
Florfenicol	Floron (40 mg/g Pulver, 300 mg/ml Inj.-Lsg.) Ⓥ (TAD Pharma), Selectan (23 mg/ml Lsg., 300 mg/ml Inj.-Lsg.) Ⓥ (HIPRA)	Fenicol (Amphenicol), bakteriostatisches Breitspektrumantibiotikum	Infektionen durch grampositive oder -negative Bakterien (nach Antibiogramm) wie Rickettsien, Chlamydien, Mykoplasmen, Leptospiren, Pasteurellen, Yersinien, *Bacteroides*
Flubendazol	Flimabend (100 mg/ml Susp.) Ⓥ (TAD Pharma), Flimabo (100 mg/ml Susp.) Ⓥ (Virbac), Flubendazol (50 mg/g Pulver) Ⓥ (aniMedica, bela-pharm, Selectavet), Flubenol (220 mg Kautabl., 44 mg/ml Gel, 50 mg/g Pulver) Ⓥ (Elanco Animal Health u. a.	Anthelminthikum, Benzimidazol	Befall mit Askariden, (*Ancylostoma*), *Trichuris*, Uncinaria, Oxyuren
Fluconazol	Fluconazol (50 mg/Kapsel, 2 mg/ml Inf.-Lsg.) Ⓗ (HEXAL) u. a.	Antimykotikum	Systemmykosen (*Candida*, Kryptokokken)
Fludrocortison	Astonin (0,1 mg/Tabl.) Ⓗ (Merck Serono)	Mineralokortikoid	Substitution nach Nebennierenexstirpation
Flumazenil	Anexate (0,1 mg/ml Inj.-Lsg.) Ⓗ (Cheplapharm), Flumazenil (0,1 mg/ml Inj.-Lsg.) Ⓗ (B. Braun, HEXAL, Fresenius Kabi)	Benzodiazepinantagonist	Aufhebung (Antagonist) der Wirkung von Benzodiazepinen (Diazepam, Midazolam), (Hepatoenzephalopathie)

Mögliche Nebenwirkungen, Besonderheiten	Kontraindikationen	Tierart, Dosierung
nicht bekannt	**nicht bei Kaninchen und geschwächten Igeln anwenden** (neurologische Störungen, Tod)	**Frettchen:** [F] 50 mg + [M] 60 mg/Tier, Spot-on, 1×, alle 4 Wo.
nicht bekannt	nicht bekannt	**Kaninchen:** 25 mg/kg i. m., i. v., 4 × tgl.; 30 mg/kg p. o., i. v., 3 × tgl.
gute Verträglichkeit, vereinzelt Erbrechen, Durchfall, Leberschäden	unwirksam bei Taenien, Diphylidien, Echinokokken, Vorsicht bei tragenden und säugenden Tieren (Reproduktionstoxizität fraglich)	**Igel:** 1 g/Tier (Igel < 500 g) p. o., 1 × tgl., über 5 Tage; 2 g/Tier (Igel > 500 g) p. o., 1 × tgl., über 5 Tage **Kaninchen:** 20 mg/kg p. o., 1 × tgl., Wdh. nach 3 Wo. **Meerschwein:** 20–22 mg/kg p. o., 1 × tgl., über 2 Tage, Wdh. nach 3 Wo. **Ratte:** 22 mg/kg p. o., 1 × tgl., über 3 Tage
Verdauungsstörungen, Übelkeit, Erbrechen, Durchfall, Hepatopathie	Vorsicht bei Rhythmusstörungen, Hypokaliämie, -kalzämie	**Frettchen:** 50 mg/kg p. o., 2 × tgl. **Kaninchen:** 25–43 mg/kg langsam i. v., 2 × tgl.
evtl. Ödeme, Hypokaliämie, Hypertonie	Gewichtszunahme, Hypokaliämie, kardiale Hypertrophie	**Frettchen:** 0,05– 0,1 mg/kg p. o., 1 × tgl.
Erbrechen, Tachykardie, Hyperventilation, Krämpfe, erhöht intrakranialen Druck, in hohen Dosen teratogen	Vorbehandlung mit Benzodiazepin bei Status epilepticus, Kopftrauma, Trächtigkeit	**Chinchilla:** 0,01 mg/kg i. v.; 0,1 mg/kg s. c., i. m. **Kaninchen:** 0,02–0,03 mg/kg i. v.; 0,01–0,1 mg/kg i. m., i. v.

Wirkstoff	Beispiele für Handelspräparate	Wirkung	Indikation
Flunixin	Finadyne (10 mg/ml Inj.-Lsg. u. a., 25 mg/g Granulat, 50 mg/g Paste) Ⓥ (Intervet), Flunidol (50 mg/g Gel, 50 mg/ml Inj.-Lsg.) Ⓥ (CP-Pharma) u. a.	Analgetikum, nichtsteroidales Antiphlogistikum	Entzündungen des Bewegungsapparats, postoperativer Schmerz, Endotoxinschock (reduziert Prostaglandin-vermittelte Hypotension)
Fluoxetin	Fluoxetin (10 mg/Tabl.) Ⓗ (HEXAL)	Antidepressivum, Serotonin-Wiederaufnahme-Hemmer	Verhaltensstörungen z. B. Pelzkauen
Fluralaner	Bravecto (112,5 mg Top spot/Pipette, Kautabl.) Ⓥ (Intervet)	Ektoparasitikum, Insektizid, Akarizid	a) *Psoroptes cuniculi* b) *Caparinia tripilis*
Flurbiprofen	Ocuflur (0,3 mg/ml Augentr.) Ⓗ (OmniVision)	nichtsteroidales Antiphlogistikum	nichtinfektiöse Entzündungen des vorderen Augenabschnitts (Blepharitis)
Flutamid	Flutamid (250 mg Tabl.) Ⓗ (1 A Pharma, ALIUD PHARMA u. a.) u. a.	Antiandrogen, (Zytostatikum)	sinnvoll bei männlichen Tieren mit NNR-Erkr., zur Reduktion erweiterten periurethralen Prostatagewebes

Mögliche Nebenwirkungen, Besonderheiten	Kontraindikationen	Tierart, Dosierung
gastrointestinale Läsionen, Erbrechen, Durchfall, fäkal okkultes Blut, nicht länger als 3 (5) Tage	Magen-Darm-Ulzera, Darmläsionen (Endoparasiten), eingeschränkte Leber-, Nierenfunktion, hämorrhagische Diathese, dekompensierte Herzinsuffizienz, Hypertonie, pränatal	**Chinchilla:** 1–3 mg/kg s.c., 2 × tgl. **Frettchen:** 1–2,5 mg/kg p.o., s.c., i.m., i.p., 2 × tgl. **Gerbil:** 2,5 mg/kg s.c., 1–2 × tgl. **Hamster:** 2,5 mg/kg s.c., 1–2 × tgl. **Igel:** 0,03 mg/kg i.m., 3 × tgl.; 0,3 mg/kg s.c., 1 × tgl. **Kaninchen:** 0,3–2 mg/kg p.o., s.c., i.m., i.v., 1–2 × tgl., über max. 3 Tage **Maus:** 0,3–2 mg/kg p.o., i.m., i.v., 1–2 × tgl.; 2,5 mg/kg s.c., 2 × tgl. **Meerschwein:** 1–2 mg/kg s.c.; 2,5–5 mg/kg s.c., 1–2 × tgl. **Ratte:** 1,1–2,5 mg/kg s.c., i.m., 2 × tgl.
Somnolenz, Ängstlichkeit, Hyperaktivität, Diarrhoe, Anorexie, paradoxe Reaktionen (Angstverstärkung, Aggression)	Diabetes mellitus, Epilepsie	**Kleinnager** (die meisten Arten): 5–10 mg/kg p.o., 1 × tgl. **Ratte:** 1–1,5 mg/kg p.o., 1 × tgl.
Hautreaktionen, Juckreiz, Apathie, Speicheln	Jungtiere, nicht bekannt	Kaninchen: a) 25 mg/kg p.o., 1 ×; ggf. Wdh. nach 3 Mo. **Weißbauchigel:** b) 15 mg/kg p.o., 1 ×; ggf. Wdh. nach 3 Wo.
nicht bekannt	nicht bekannt	**Frettchen:** 1–2 Tr. in Bindehautsack einträufeln, 1–2 × tgl. **Kaninchen:** topisch am Auge
nicht bekannt	Überempfindlichkeit, nicht bei Zuchtrüden	**Frettchen:** 10 mg/kg p.o., 1–2 × tgl., lebenslang

Wirkstoff	Beispiele für Handelspräparate	Wirkung	Indikation
Furazolidon	Furazolidon-t (12,5 mg/Kapsel, 66,7 mg/g Pulver) Ⓥ (Chevita)	Nitrofuran, antimikrobielles Chemotherapeutikum, bakterizides Breitspektrumantibiotikum mit zusätzlichen antiprotozoischen Eigenschaften	Infektionen durch grampositive oder -negative Bakterien (nach Antibiogramm), Trichomonaden, Kokzidien
Furosemid	Dimazon (50 mg/ml Inj.-Lsg., 10 mg/Tabl. u. a.) Ⓥ (Intervet), Diuren (50 mg/ml Inj.-Lsg.) Ⓥ (WDT)	Diuretikum, Schleifendiuretikum	a) Diureseanregung, Ödeme (Aszites, Thorax, Perikard) b) akutes Hirn-, Lungenödem, akutes Nierenversagen
Fusafungin	Locabiosol (5 mg/ml Spray) Ⓗ (STADA)	Peptid-Antibiotikum, Ionophore	Infektionen der oberen Atemwege mit grampositiven oder -negativen Bakterien sowie *Candida albicans* (bakterielle Rhinosinusitis)

Mögliche Nebenwirkungen, Besonderheiten	Kontraindikationen	Tierart, Dosierung
nicht bekannt	Trächtigkeit, Hypersensibilität	**Hamster:** 30 mg/kg p.o., 1 × tgl. **Kaninchen:** 5 mg/kg p.o., 1 × tgl., über 14 Tage; 5,5 mg/ml Trinkwasser; 50 mg/kg Futter **Meerschwein:** 5,5 mg/ml Trinkwasser
hohe Dosis: Störung des Elektrolythaushalts, Verstärkung der nephrotoxischen Wirkung von Aminoglykosidantibiotika, Herzglykosiden	Hypokaliämie, Hyponatriämie, Hypovolämie, Hypotonie, Hepatopathie, Nephropathie mit Anurie	**Chinchilla:** 2–5 mg/kg p.o., s.c., 2 × tgl. **Frettchen:** a) 1–4 mg/kg p.o., s.c., i.m., i.v., 2–3 × tgl. b) 1–5 mg/kg i.v., 2–3 × tgl. **Hamster:** 2–10 mg p.o., s.c., 2 × tgl. **Igel:** a) 2,5–5 mg p.o., s.c., i.m., 3 × tgl. **Kaninchen:** a) 0,3–2 mg/kg s.c., i.m., i.v., 2–3 × tgl. b) 1–5 mg/kg p.o., s.c., i.m., i.v., 4–6 × tgl. **Kleinnager:** 1–4 mg/kg s.c., i.m., 4–6 × tgl.; 5–10 mg/kg s.c., i.m., 2 × tgl. **Maus:** 5–10 mg/kg p.o., s.c., 2 × tgl. **Meerschwein:** 2–5 mg/kg p.o., s.c., 2 × tgl. **Ratte:** 2–10 mg/kg p.o., s.c., 2 × tgl.
nicht bekannt	nicht bekannt	**Kaninchen:** Spray 2 × tgl. in Nasenlöcher über 10 Tage sprühen (1 Sprühstoß = 0,125 mg)

Wirkstoff	Beispiele für Handelspräparate	Wirkung	Indikation
Fusidinsäure	Isaderm (5 mg + 1 mg Betamethason/g Gel) Ⓥ (Albrecht), Isathal (10 mg/g Augentropfensusp.) Ⓥ (Albrecht u. a.)	bakteriostatisches Schmalspektrumantibiotikum, Staphylokokkenmittel	oberflächliche Pyodermie a) Staphylokokkeninfektion (Antibiogramm) b) Konjunktivitis
Gabapentin	Gabaliquid Geriasan (50 mg/ml Lsg.) Ⓗ (Infectopharm), Gabapentin (100 mg/Kapsel) Ⓗ (1A Pharma u. a.)	Antiepileptikum	Epilepsie, Krampfanfälle
Gentamicin	Genta (100 mg/ml Inj.-Lsg.) Ⓥ (CP-Pharma), Genta (50 mg/ml Inj.-Lsg.) Ⓥ (Albrecht, WDT), Vetogent (10 mg/g Pulver) Ⓥ (bela-pharm) u. a. Auge: Gent-ophtal (3 mg/g Augensalbe, 3 mg/ml Augentr.) Ⓗ (Winzer) u. a.	Aminoglykosid, bakteriozides Breitspektrumantibiotikum	Infektionen durch grampositive oder -negative Bakterien, v. a. Pseudomonaden und Enterobacteriaceae (nach Antibiogramm, keine Anaerobier)

Mögliche Nebenwirkungen, Besonderheiten	Kontraindikationen	Tierart, Dosierung
nicht bekannt	Überempfindlichkeit, schwere Hepatopathie	**Kaninchen:** a) 1–2 × tgl., lokal auf Haut b) 1–2 × tgl., lokal am Auge
nicht bekannt	nicht bekannt	**Frettchen:** 3–5 mg/kg p.o., 1–3 × tgl. **Hamster:** 50 mg/kg p.o., 1 × tgl. **Kaninchen:** 3–5 mg/kg p.o., 1–2 × tgl.; 25 mg/kg s.c. **Maus:** 10–30 mg/kg p.o., 3 × tgl. **Ratte:** 30 mg/kg p.o., 3 × tgl.
Nierenschäden, Proteinurie, Kopfschiefhaltung durch Vestibularschäden, Hörschäden, Kontaktdermatitis; selten: Anämie, Leukopenie, Thrombozytopenie, neuromuskuläre Blockade mit Atemstörungen; **Kaninchen:** selten indiziert, mit Vorsicht nutzen	Gentamicinresistenz (BU!), Niereninsuffizienz, Vestibular-, Cochlearerkrankung, Vorsicht bei Gravidität, nicht zusammen mit Cefalosporinen und Schleifendiuretika	**Chinchilla:** 2–4 mg/kg s.c., i.m., i.v., 1–3 × tgl. **Frettchen:** 2 mg/kg p.o., 2 × tgl., über 10–14 Tage; 2–4 mg/kg s.c., i.m., i.v., 2 × tgl.; 5 mg/kg s.c., i.m., 1 × tgl. **Gerbil:** 2–4 mg/kg s.c., i.m., 1–3 × tgl.; 10 mg/kg im Trinkwasser bei nasaler Dermatitis **Hamster:** 2–4 mg/kg s.c., i.m., 1–3 × tgl. **Igel:** 2 mg/kg s.c., i.m., 3 × tgl.; topisch am Auge, 3 × tgl. **Kaninchen:** 1,5–2 (–3) mg/kg s.c., i.m., i.v., 2–3 × tgl; 4 mg/kg s. c, i.m., 1 × tgl.; 1 g/20 g Methylmethacrylat (Einbringen in Knochen nach chirurgischer Wundtoilette eines Kieferabszesses); lokal am Auge, 3 × tgl. **Maus:** 2–4 mg/kg s.c., i.m., 1–3 × tgl.; 4–20 mg/kg i.m., 2 × tgl. **Meerschwein:** 2–4 mg/kg s.c., i.m., 1–3 × tgl.; 6 mg/kg s.c., 1 × tgl. (i.m. Vorsicht!) **Ratte:** 2–4 mg/kg s.c., i.m., 1–3 × tgl.; 20 mg/kg s.c., 1 × tgl.

Wirkstoff	Beispiele für Handelspräparate	Wirkung	Indikation
Glykopyrrolat (Glycopyrroniumbromid)	Robinul (0,2 mg/ml Inj.-Lsg.) Ⓗ (biosyn)	Parasympatholytikum, Antiemetikum, Antiarrhythmikum	a) Erbrechen b) Prämedikation c) Bradykardie d) Hypersalivation
Glykosaminoglykan s. polysulfatiertes Glykosaminoglykan			
Gonadotropin-Releasing-Hormon (GnRH, Gonadorelin)	Fertagyl (0,1 mg/ml Inj.-Lsg.) Ⓥ 🄺 (Intervet), Gonavet (0,05 mg/ml Inj.-Lsg.) Ⓥ (Veyx-Pharma), Oestracton (0,05 mg/ml Inj.-Lsg.) Ⓥ (IDT Biologika), Relosyl (0,05 mg/ml Inj.-Lsg.) Ⓥ (bela-pharm),	Hormon (Hypothalamus, Gonaden Nagetiere, Plazenta), stimuliert die Synthese und Freisetzung von LH und FSH aus Hypophysenvorderlappen	a) Ovulationsinduktion (post partum), Induktion der Follikelreifung (durch LH) b) Lutenisierung von östrogenproduzierenden Ovarialzysten c) Descensus testis, Libidosteigerung
Gonadotropin, ECG (Equine Chorionic Gonadotropin), früher PMSG (Pregnant Mare's Serum Gonadotropin)	Intergonan (240 I. E./ml Inj.-Lsg.) Ⓥ 🄺 (Intervet), Pregmagon (200 I. E./ml Inj.-Lsg.) Ⓥ (IDT Biologika), Suigonan (80 I. E. + 40 I. E. HCG/ml Inj.-Lsg.) Ⓥ (Intervet)	Gonadotropin, FSH- und LH-Aktivität	a) Brunstinduktion b) Superovulationsstimulation, Anoestrie
Gonadotropin, HCG (Humanes Choriongonadotropin, Urofollitropin)	Ovogest (300 I. E./–1000 I. E./ml Inj.-Lsg. u. a.) Ⓥ (Intervet)	gonadotropes Luteinisierungshormon	a) Ovulationsinduktion b) hormonproduzierende Ovarialzysten

Mögliche Nebenwirkungen, Besonderheiten	Kontraindikationen	Tierart, Dosierung
Tachykardie, verzögerte Magenentleerung	Ileus	**Frettchen:** b) 0,01–0,02 mg/kg i. m., s. c., i. v. c, d) 0,01 mg/kg i. m. b) **Kaninchen:** 0,01–0,02 (–0,1) mg/kg s. c., i. m.; 0,02 mg/kg i. v., i. o., i. t. c) **Kleinnager:** 0,01–0,02 mg/kg s. c., max. 3 Tage
nicht bekannt	Gravidität	b) **Frettchen:** 20 µg/Tier s. c., i. m., 10 Tage nach Östrusbeginn, nach Bedarf Wdh. nach 2 Wo. a) **Kaninchen:** 0,8 µg/Tier s. c., i. m., i. v., 1 Behandl.; 0,02 mg/Tier i. m., 1 Behandl. (zum Deckzeitpunkt); 20–25 I. E. i. v. b) **Kleinnager:** 20 µg/Tier, i. m., 1 × **Meerschwein:** 25 µg/Tier, 1 ×, Wdh. nach 2 Wo.
allergische, anaphylaktische Reaktionen möglich (aus Pferdeserum), Überstimulation der Ovarien kann zu endogener Östrogenintoxikation führen	Gravidität, Überempfindlichkeiten	a) **Gerbil:** 10 I. E. PMSG/Tier, gefolgt von 10 I. E. HCG/Tier 48 Std. später (Östrus nach ca. 48 Std.) **Kaninchen:** 40 I. E./Tier i. m., 1 × 48 Std. vor Belegung; zur Auslösung des Eisprungs zeitgleich mit Besamung 20 µg GnRH/Tier i. m., b) **Ratte:** 150 I. E./kg PMSG, gefolgt von 75 I. E./kg HCG, 55 Std. später i. p. (unabhängig vom Zyklusstadium)
allergische, anaphylaktische Reaktionen möglich	Gravidität	a) **Frettchen:** 50–200 (–1000) I. E./Tier i. m., 10 oder mehr Tage nach Östrusbeginn, Wdh. nach 1–2 Wo. nach Bedarf a) **Kaninchen:** 20–25 I. E./Tier i. v. b) **Meerschwein:** 100 I. E./Tier i. m., ggf. Wdh. nach 7–10 Tagen

Wirkstoff	Beispiele für Handelspräparate	Wirkung	Indikation
Griseofulvin	Griseo-CT (125 mg/Tabl. u. a.) Ⓗ (AbZ Pharma)	Antimykotikum, fungistatisch, systemisch wirksam	Dermatomykosen (*Trichophyton*, *Microsporum*)
HCG (Humanes Choriongonadotropin, Urofollitropin) s. Gonadotropin, HCG			
Heparin	Heparin (25.000 I. E./ml Inj.-Lsg.) Ⓗ (ratiopharm u. a.) u. a.	Antikoagulans	a) disseminierte intravasale Koagulation (DIC) b) Herzwurmbefall
HES s. Hydroxyethylstärke			
Hexetidin	Hexoral (2 mg/ml Spray) Ⓗ (Johnson & Johnson) u. a.	Antiseptikum (bakterizid, fungizid, viruzid)	antiinfektiöse Badebehandlung
Huminsäuren	Dysticum (950 mg/g Pulver) Ⓥ H K Me (Agraria Pharma, Albrecht, MEDISTAR, Pharmawerk Weinböhla, Serumwerk Bernburg), Humocarb (994 mg/g Pulver) Ⓥ (Agraria Pharma, MEDISTAR, Serumwerk Bernburg, Pharmawerk Weinböhla)	Polyhydroxycarbonsäure (adstringierend, antiphlogistisch, adsorptiv)	Dyspepsie mit der Gefahr der Toxinresorption aus dem Magen-Darm-Trakt, akute orale Intoxikationen

Mögliche Nebenwirkungen, Besonderheiten	Kontraindikationen	Tierart, Dosierung
selten Erbrechen, Durchfall; Hepatopathie, Anorexie, Leukopenie, Kanzerogenität?	Gravidität, Hepato-, Nephropathien	**Chinchilla:** 25–50 mg/kg p.o., 1 × tgl., über 2–4 (–8) Wo. **Frettchen:** 25 mg/kg p.o., 1–2 × tgl. **Gerbil:** 25 mg/kg p.o., 1 × tgl., über 2–4 Wo. **Hamster:** 25–50 mg/kg p.o., 1 × tgl., über 2–4 Wo. **Igel:** 25–50 mg/kg p.o., 1–2 × tgl., über 2–3 Wo. **Kaninchen:** 12,5 mg/kg p.o., 2 × tgl.; 25 mg/kg p.o., 1 × tgl., jeweils über 30–45 Tage **Kleinnager:** 25–50 mg/kg p.o., 2 × tgl., über 14–60 Tage; 1,5 % in DMSO örtlich, über 5–7 Tage **Maus:** 25 mg/kg p.o., 1 × tgl., über 2–4 Wo., ggf. ins Futter **Meerschwein:** 15–25 (–100) mg/kg p.o., 1 × tgl., über 2–4 Wo. **Ratte:** 25 mg/kg p.o., 1 × tgl., über 2–4 Wo.
Blutungen	erhöhte Blutungstendenz (außer DIC)	**Frettchen:** a) 200 I. E./kg s.c., i.m., 2 × tgl., über 5 Tage b) 100 I. E./Tier (0,45–1,35 kg) s.c., 1 × tgl., über 21 Tage a) **Meerschwein:** 5 mg/kg i.v., nach Bedarf
nicht bekannt	Sporen, *Proteus* und *Pseudomonas* kaum erfasst	**Meerschwein:** 0,1%ige Lsg. als Bad, mind. 2 Std. einwirken lassen
Grundkrankheit bei Durchfall nicht beeinflusst, Verzögerung der Darmausscheidung	Wechselwirkung mit anderen oral verabreichten Medikamenten	**Hamster:** 0,5 g/kg p.o., 2 × tgl., über 3–5 Tage **Kaninchen:** 0,5–1 g/kg p.o., 2 × tgl., über 3–5 Tage **Meerschwein:** 0,5–1 g/kg p.o., 2 × tgl., über 3–5 Tage

Wirkstoff	Beispiele für Handelspräparate	Wirkung	Indikation
Hyaluronidase	Hylase (150 I. E. Trockensubstanz zur Herst. einer Inj.-Lsg.) Ⓗ (Riemser)	Enzym zur Depolymerisation der Hyaluronsäure	Beschleunigung der subkutanen Resorption
Hydralazin	kein veterinär- oder humanmedizinisches Monoarzneimittel in Deutschland verfügbar	Antihypertonikum, Vasodilatator (Antihistamin)	Nachlastsenkung, Mitralklappeninsuffizienz, hypertrophe oder dilatative Kardiomyopathie, Hypertonie im kleinen Kreislauf
Hydrocortison s. Cortisol			
Hydromorphon	Hydromorphon (2 mg/ml Inj.-Lsg.) Ⓗ (HEXAL, Hameln plus)	morphinartiges Analgetikum, Opioid	Narkoseprämedikation
Hydromorphon + Ketamin s. Ketamin			
Hydroxyethylstärke (HES, HAES)	HAES (30 mg/ml Inf.-Lsg. u. a.) Ⓗ (Fresenius Kabi) u. a.	Kolloid, Plasmaexpander	Volumenersatz (Hypoproteinämie, Schock), Mikrozirkulationsstörung, Thromboseprophylaxe, (Endotoxämie)
Hydroxyzin	Atarax (25 mg/Filmtabl.) Ⓗ (UCB Pharma) u. a.	H_1-Antihistaminikum	Pruritus
Ibuprofen	Dolgit (200 mg/Tabl. u. a., 50 mg/g Gel) Ⓗ (Dr. Theiss), Dolormin (20 mg/ml Susp. u. a.) Ⓗ (Johnson & Johnson) u. a.	nichtsteroidales Antiphlogistikum, schwaches Analgetikum, Hemmstoff der Prostaglandinsynthese	Entzündungshemmung, leichtere Schmerzzustände, Gelenk-, Sehnenscheidenentzündung, Myalgien, Neuralgien, stumpfe Traumen, Verstauchung, Zerrung

Mögliche Nebenwirkungen, Besonderheiten	Kontraindikationen	Tierart, Dosierung
Allergische Reaktionen bis Anaphylaxie, Verstärkung von bestehenden Infektionen	Injektion in infiziertes Areal oder Schwellungen, die durch Stiche oder Bisse hervorgerufen wurden	**Igel:** 100–150 I. E./l als Zusatz zu s. c.-Infusionslösungen, um eine bessere Flüssigkeitsaufnahme zu erreichen
Hypotension, Tachykardie, Magen-Darm-Störungen, Wasserretention	Hypovolämie, Hypotension, schwere Nephropathien, Überempfindlichkeit	**Meerschwein:** 1 mg/kg i. v., nach Bedarf
wie Morphin Atemdepression, Nausea, Salivation, Erbrechen, Obstipation, Bronchospasmus, Bradykardie, Miosis	wie Morphin Schockgefahr, Atemdepression, Epilepsie	**Chinchilla:** 2 mg/kg s. c., <6 × tgl. **Frettchen:** 0,1–0,2 mg/kg s. c., i. m., i. v. **Igel:** 0,1 mg/kg s. c. **Kaninchen:** 0,05–0,2 mg/kg s. c., i. m., 3–4 × tgl.; 0,1–0,2 mg/kg s. c., i. m., i. v., 3–4 × tgl. **Ratte:** 0,4 mg/kg s. c., <12 × tgl.
Gerinnungsstörungen	Hypervolämie, Hyperhydratation, dekompensierte Herzinsuffizienz, Niereninsuffizienz	**Igel:** 5 ml/kg i. v. über 5–10 min **Kaninchen:** 20 ml/kg i. v.; 2–5 ml/kg i. v. über 5–10 min, ggf. Wdh. **Kleinsäuger:** Bolus 2–5 ml/kg i. v.
Somnolenz	nicht bekannt	**Frettchen:** 2 mg/kg p. o., 3 × tgl. **Kaninchen:** 2 mg/kg p. o., 2–3 × tgl.
Magenblutungen, Erbrechen	Magen-Darm-Krankheiten, -ulzera, Hämatopoesestörung	**Frettchen:** 1 mg/kg p. o., 1–2 × tgl. **Kaninchen:** 2–7,5 mg/kg p. o., 4–6 × tgl. **Kleinnager:** 5%ig dünn auf intakte Haut in Gebiet der entzündlichen Veränderung auftragen **Maus:** 7–15 mg/kg p. o., 6 × tgl. **Meerschwein:** 10 mg/kg p. o., 6 × tgl.; 2 mg/ml Trinkwasser **Ratte:** 10–30 mg/kg p. o., 6 × tgl.

Wirkstoff	Beispiele für Handelspräparate	Wirkung	Indikation
Imidacloprid [I] (+ Permethrin [P] bzw. + Moxidectin [M])	Advantage (40 mg–80 mg/ Pipette) Ⓥ 🄺 (Bayer Vital), Advantix (100 mg I + 500 mg P/ml Lsg. u. a.) Ⓥ (Bayer Vital), Advocate (40 mg I + 4 mg M/ml Lsg.) Ⓥ 🄵 (Bayer Vital)	Antiparasitikum, Ektoparasitikum, Insektizid (adultizid, larvizid)	Flohbefall; Kombi mit Permethrin: zusätzlich Zecken und Stechmücken; Kombi mit Moxidectin: zusätzlich Ohrmilben, *Sarcoptes*-Räude, Demodikose, Rundwürmer, Herzwurmprophylaxe a) *Leporacarus gibbus* (Fellmilbe beim Kaninchen)
Indometacin	Indometacin (5 mg/ml Susp.) Ⓗ (1A Pharma), Indomet (25 mg/Kapsel) Ⓗ (ratiopharm) u. a.	nichtsteroidales Antiphlogistikum, schwaches Analgetikum	muskuloskelettale Schmerzen, Entzündungen des Bewegungsapparats
Insulin	Caninsulin (40 I. E./ml Inj.-Susp.) Ⓥ (Intervet), ProZinc (40 I. E./ml Inj.-Susp.) Ⓥ (Boehringer Ingelheim)	Hormon des endokrinen Pankreas, Antidiabetikum (Altinsulin ohne Depotwirkung)	Diabetes mellitus, Infusion großer Glukosemengen
Iohexol (Iohexal)	Iohexol (300 mg/ml Inj.-Lsg.) Ⓗ (Uropharm)	iodhaltiges Kontrastmittel	a) Myelografie b) gastrointestinale Kontraststudie c) Ausscheidungsurografie

Mögliche Nebenwirkungen, Besonderheiten	Kontraindikationen	Tierart, Dosierung
geringe dermale und orale Toxizität, selten lokale Reizung (Augen, Mundschleimhaut); **Igel:** bei Überdosierung besteht Exitusgefahr	Alter < 8 Wo.; geschwächte, junge oder zu leichte Igel	**Frettchen, Kaninchen, Meerschwein, Ratte** (> 10 Wo.): 10–30 mg/kg als Spot-on, Wdh. nach 4 Wo. **Frettchen:** [I] 20–50 mg/kg + [M] 2–5 mg/kg als Spot-on, alle 4 Wo. **Igel:** [I] 16 mg/kg + [M] 1,6 mg Spot-on, 1 × monatlich **Kaninchen:** a) [I] 10 mg/kg + [M] 1 mg Spot-on; [I] 11–16 mg/kg + [M] 1,1–1,6 mg Spot-on, 1 ×
nicht bekannt	nicht bekannt	**Meerschwein:** 8 mg/kg p. o.
Hypoglykämie bei Überdosierung	Hypoglykämie	**Chinchilla:** 4 I. E./kg i. m., s. c., 1 × tgl.; Einstellung: 1 I. E./kg s. c., 2 × tgl., Dauerbehandlung: 0,1 I. E./kg **Frettchen:** 0,5–1 I. E./kg s. c.; 0,1 I. E./Tier s. c., 1–2 × tgl. **Gerbil:** 2 I. E./Tier s. c. **Hamster:** 2 I. E./Tier s. c. **Kleinnager:** Einstellung nach Tagesprofil: 0,5 I. E./kg s. c., i. m.; Blutglukosebestimmung alle 2–3 Std.; Dauerbehandlung: 0,25–1 I. E./kg i. a., 2 × tgl. **Meerschwein:** 1–2 (–3) I. E./kg s. c., 1 × tgl. **Ratte:** 1–3 I. E./Tier s. c.
hyperton (erhöht Harnvolumen), mehr Nebenwirkungen als nichtionische Kontrastmittel	Dehydratation, Hypovolämie, Herzversagen, Nierenversagen	**Frettchen:** a) 0,25–0,5 ml/kg zur Myelografie b) 10 ml/kg p. o. (1 : 1-Verdünnung mit H_2O möglich) c) 2,3 ml/kg i. v.

Wirkstoff	Beispiele für Handelspräparate	Wirkung	Indikation
Isofluran	Iso-vet (1 ml/ml Flüssigkeit) Ⓥ C F G H Ma Me R (Piramal Healthcare), Isoflo (1 ml/ml Flüssigkeit) Ⓥ Kln (Ecuphar), Isofluran CP (1 ml/ml Flüssigkeit) Ⓥ C F G H Ma Me R (CP-Pharma), Vetflurane (1 ml/ml Flüssigkeit) Ⓥ C F G H Ma Me R (Virbac)	Inhalationsnarkotikum	Inhalationsnarkose
Isotretinoin	Isoderm (10 mg/Kapsel) Ⓗ (Dermapharm)	Retinoid	kutanes epitheliotropes Lymphom
Itraconazol	Fungitraxx (10 mg/ml Lsg.) Ⓥ (Albrecht), Itrafungol (10 mg/ml Lsg.) Ⓥ (Elanco Animal Health)	Antimykotikum, Triazol, Ergosterol-Inhibitor	systemische Mykosen (Aspergillose, Kryptokokkose, Blastomykose, Histoplasmose), Candidiasis, Dermatomykosen, Trichophytie

Mögliche Nebenwirkungen, Besonderheiten	Kontraindikationen	Tierart, Dosierung
Hypotonie, Atemdepression, selten Herzarrhythmie	Schock, Herzinsuffizienz, Hepato-, Nephropathie, bei Neigung zu maligner Hyperthermie	**Chinchilla:** Einleitung: 2–3 % der Atemluft; Erhaltung: 0,25–2 % der Atemluft **Frettchen:** Einleitung: 5 % der Atemluft; Erhaltung: 2–3 % der Atemluft **Gerbil:** Einleitung: 0,25–2 % der Atemluft; Erhaltung: 1–3 % der Atemluft **Hamster:** Einleitung: 2–3 % der Atemluft; Erhaltung: 0,25–2 % der Atemluft **Igel:** Einleitung: 3–5 % der Atemluft; Erhaltung: 0,5–3 % der Atemluft **Kaninchen:** Einleitung: 3–5 % der Atemluft; Erhaltung: 1,5–3 % der Atemluft **Kleinnager:** Einleitung: 2–5 % der Atemluft; Erhaltung: 0,25–4 % der Atemluft **Maus:** Einleitung: 0,25–2 % der Atemluft; Erhaltung: 0,5–2 % der Atemluft **Meerschwein:** Einleitung: 2–3 % der Atemluft; Erhaltung: 0,25–2 % der Atemluft **Ratte:** Einleitung: 0,25–2 % der Atemluft; Erhaltung: 0,5–2 % der Atemluft
nicht bekannt	nicht bekannt	**Frettchen:** 2 mg/kg p. o., 1 × tgl.
Erbrechen, Durchfall, erhöhte Leberenzymaktivitäten, Hypokaliämie, Herzinsuffizienz	nicht anwenden u. a. mit Cisaprid, Chinidin	**Chinchilla:** 5 mg/kg 1 × tgl., über 7 Tage, nach 7 Tagen Behandlungspause erneut anwenden, insgesamt 3 Behandlungszyklen (Dermatophytose); 5–10 mg/kg p. o., 1 × tgl., über 21 Tage **Frettchen:** 10 mg/kg p. o., 2 × tgl. (Histoplasmose), 10–20 mg/kg p. o., 1 × tgl. (Kryptokokkose)

Wirkstoff	Beispiele für Handelspräparate	Wirkung	Indikation
→ Itraconazol			
Ivermectin	Eraquell (20 mg/Kautabl., 18,7 mg/g Paste) Ⓥ (Virbac), Hippomectin (12 mg/g Gel) Ⓥ (aniMedica), Ivomec (10 mg/ml Inj.-Lsg., 5 mg/ml Lsg., 18,7 mg/g Paste) Ⓥ (Merial), Otimectin (1 mg/g Ohrengel) Ⓥ (aniMedica) u. a.	Endektozid, makrozyklische Lakton	a) Magen-Darm-Nematoden, Ektoparasiten (Haarlinge, auch Cheyletiellose, Demodikose) b) Ohrmilben c) Filarien, Ohrmilben d) Herzwurmprophylaxe

Mögliche Nebenwirkungen, Besonderheiten	Kontraindikationen	Tierart, Dosierung
		Igel: 5–10 mg/kg p.o., 1–2 × tgl., über 7 Tage, nach 7 Tagen Behandlungspause erneut anwenden, insgesamt 3 Behandlungszyklen **Kaninchen:** 20–40 mg/kg p.o., 1 × tgl.; 5–10 mg/kg p.o., 1 × tgl., über 30 Tage (Dermatophytose); 5 mg/kg 1 × tgl., über 7 Tage, nach 7 Tagen Behandlungspause erneut anwenden, insgesamt 3 Behandlungszyklen **Maus:** 50–150 mg/kg p.o., 1 × tgl. (Blastomykose) **Meerschwein:** 5 mg/kg 1 × tgl., über 7 Tage, nach 7 Tagen Behandlungspause erneut anwenden, insgesamt 3 Behandlungszyklen (Dermatophytose); 5 mg/kg p.o., 1 × tgl. (systemische Candidose) **Ratte:** 2,5–10 mg/kg p.o., 1 × tgl. (vaginale Candidose)
örtliche Reizung, nicht ovozid (Behandlungsintervall 10 Tage), weniger wirksam bei oberflächlichen Ektoparasiten	nicht i.m. oder i.v. anwenden; **Igel:** Anwendung 2 Wochen von dem Winterschlaf	**Chinchilla:** a) (0,2–) 0,4 mg/kg s.c., alle 7 (–14) Tage; bei *Demodex* alle 5–7 Tage **Frettchen:** a) 0,4 mg/kg p.o., s.c., alle 2–4 Wo.; *Sarcoptes*: 0,2–0,5 mg/kg s.c., 3 × alle 14 Tage; *Demodex*: 0,05–0,3 mg/kg p.o., 1 × tgl., bis 1 Monat nach negativen Hautgeschabsel b) 0,25–0,5 mg/kg pro Ohr, Wdh. nach 14 Tagen d) 0,05 mg/kg p.o., s.c., 1 ×/Mon. **Gerbil:** 0,2–0,4 mg/kg p.o., s.c., alle 7 Tage, über 3 Wo. **Hamster:** a) (0,2–) 0,4 mg/kg s.c., alle 7 (–14) Tage; bei *Demodex* alle 5–7 Tage

Wirkstoff	Beispiele für Handelspräparate	Wirkung	Indikation
→ Ivermectin			
Kaliumbromid	Libromide (325 mg/Tabl.) Ⓥ (Albrecht)	Antiepileptikum	Epilepsie; als Zusatztherapie zu Phenobarbital; als Monotherapie nicht zu empfehlen
Kaolin (Aluminiumsilikat)	Enteroconpulver (545 mg/g Pulver, Kombi) Ⓥ (WDT), Sanosorb (300 mg/g Granulat, Kombi) Ⓥ (Agraria Pharma)	Absorbens, Antidiarrhoikum	unterstützend bei Durchfall (Wirksamkeit umstritten)

Mögliche Nebenwirkungen, Besonderheiten	Kontraindikationen	Tierart, Dosierung
		Igel: a) 0,2–0,4 mg/kg p. o., s. c., alle 10–14 Tage, 3–5 Behandl.. 0,3 mg/kg s. c., Spot-on, 1 × (Räudemilben und Zeckenbefall, Tiere sind nach 24–48 Std. zeckenfrei); 3 mg/kg s. c. (Capillariose) **Kaninchen:** 0,1–0,4 mg/kg s. c., alle 7 Tage, über 2–3 Wo.; 0,4 mg/kg p. o., alle 1–2 Wo. **Maus:** a) (0,2–) 0,4 mg/kg s. c., alle 7 (–14) Tage; bei *Demodex* alle 5–7 Tage; Milbenkontrolle: 0,1 mg/ml (1%-Lsg. = 10 mg/ml) 1 : 100 mit 1 : 1 Propylenglykol/Wasser verdünnen) auf das Tier sprühen oder hinter die Ohren tropfen, 4–5 × pro Jahr; *Oxyuris*: 8 mg/l Trinkwasser, 4 ×/Wo., über 5 Wo. **Meerschwein:** a) (0,2–) 0,4 mg/kg s. c., alle 7 (–14) Tage; bei *Demodex* alle 5–7 Tage **Ratte:** a) (0,2–) 0,4 mg/kg s. c., alle 7 (–14) Tage; bei *Demodex* alle 5–7 Tage; *Oxyuris*: 25 mg/l Trinkwasser 4 ×/Wo., über 5 Wo.
Sedation, Reizbarkeit, Obstipation, Gastritis, Pankreatitis, Bromismus der Haut; hohe Dosen: Bromintoxikation (Kontrolle der Plasmaspiegel	Bromidüberempfindlichkeit, Niereninsuffizienz	**Frettchen:** 22–30 mg/kg/Tag p. o., als Zusatztherapie zu Phenobarbital
wirkungslos zur Bindung von *E.-coli*-Enterotoxin, Obstipation möglich, Ratte: ggf. erhöhter Natriumverlust über Faeces	nicht bekannt	**Frettchen:** 1–2 ml/kg p. o., nach Bedarf alle 2–6 Std. **Meerschwein:** 0,2 ml p. o., 3–4 × tgl. (Kombi mit Pektin); 1–2 ml p. o., alle 2–6 Std. (Kombi mit Pektin)

Wirkstoff	Beispiele für Handelspräparate	Wirkung	Indikation
Ketamin	Ketamin (100 mg/ml Inj.-Lsg.) Ⓥ (zahlreiche Hersteller), Ursotamin (100 mg/ml Inj.-Lsg.) Ⓥ [K] [Me] (Serumwerk Bernburg, MEDISTAR) u. a.	Allgemeinanästhetikum, (Narkotikum)	Schmerzausschaltung (Analgesie), chirurgische Toleranz a) Ketamin (leichte Sedation, starke Sedation in höheren Dosen) Anästhesie: Ketamin [K] in Kombination mit b) Acepromazin [A] c) Diazepam [D] d) Medetomidin [M] e) Medetomidin [M] + Butorphanol [B] f) Midazolam [MZ] g) Xylazin [X] h) Medetomidin [M] + Fentanyl [F] i) Dexmedetomidin [De] j) Dexmedetomidin [De] + Fentanyl [F] k) Medetomidin [M] + Buprenorphin [B] l) Butorphanol [B] m) Fentanyl [F] n) Hydromorphon [H]

Mögliche Nebenwirkungen, Besonderheiten	Kontraindikationen	Tierart, Dosierung
Nystagmus, Mydriasis, Tachykardie; Hypertonie, besonders bei Überdosierung; Salivation, zu Beginn Krämpfe möglich (Muskelrelaxans und Intubation erforderlich)	kardiale Dekompensation, Operation an Rachen, Kehlkopf und Bronchien, Epilepsie, Hepato-, Nephropathie **Igel:** Anwendung im Halsbereich, wo sich braunes Fettgewebe befindet	**Chinchilla:** a) 20–40 mg/kg i. m. b) [K] 40 mg/kg + [A] 0,5 mg/kg i. m. c) [K] 20–40 mg/kg + [D] 1–2 mg/kg i. m. d) [K] 4–5 mg/kg + [M] 0,03–0,06 mg/kg s. c., i. m. f) [K] 5–10 mg/kg + [MZ] 0,5–1 mg/kg i. m. g) [K] 40 mg/kg + [X] 2 mg/kg i. m. i) [K] 4 mg/kg + [De] 0,015 mg/kg s. c., i. m. **Frettchen:** a) Beruhigung: 10–20 mg/kg i. m.; Anästhesie: 30–60 mg/kg i. m.; postoperative Analgesie: 0,1–0,4 mg/kg/h; perioperative Analgesie: initial 2–5 mg/kg i. v., anschl. 0,3–1,2 mg/kg/h i. v. b) [K] 20–35 mg/kg + [A] 0,2–0,35 mg/kg s. c., i. m. c) [K] 10–20 mg/kg + [D] 1–2 mg/kg i. m. d) Einleitung: [K] 5 mg/kg + [M] 0,08 mg/kg i. m. Anästhesie: [K] 8 mg/kg + [M] 0,1 mg/kg i. m. e) [K] 5 mg/kg + [M] 0,08 mg/kg + [B] 0,2 mg/kg i. m. f) [K] 5 mg/kg + [MZ] 0,25–0,5 mg/kg i. v. g) [K] 10–25 mg/kg + [X] 1–2 mg/kg i. m. i) [K] 5 mg/kg + [D] 0,03 mg/kg i. m. **Gerbil:** a) 40–60 mg/kg i. m. d) [K] 75–90 mg/kg + [M] 0,5 mg/kg i. p., Wirkdauer 20–30 min g) [K] 50 mg/kg + [X] 2 mg/kg i. p. **Hamster:** a) 20–40 mg/kg i. m. g) [K] 80 mg/kg + [X] 5 mg/kg i. m., i. p. d) [K] 100–200 mg/kg + [M] 0,25 mg/kg i. p., s. c.

Wirkstoff	Beispiele für Handelspräparate	Wirkung	Indikation
→ Ketamin			

Mögliche Nebenwirkungen, Besonderheiten	Kontraindikationen	Tierart, Dosierung
		Igel: a) 5–20 mg/kg i. m. c) [K] 5–20 mg/kg + [D] 0,5–2 mg/kg i. m. d) [K] 5 mg/kg + [M] 0,1 mg/kg i. m.; juveniles Tier: [K] 3 mg/kg + [M] 0,1 mg/kg s. c.; adultes Tier: [K] 4 mg/kg + [M] 0,2 mg/kg s. c. g) juveniles Tier: [K] 30 mg/kg + [X] 2 mg/kg s. c.; adultes Tier: [K] 40 mg/kg + [X] 3–6 mg/kg s. c. h) [K] 2 mg/kg + [M] 0,2 mg/kg + [F] 0,1 mg/kg s. c. **Kaninchen:** a) 20–50 mg/kg i. m.; 15–20 mg/kg i. v.; initial 2–5 mg/kg i. v., anschl. 0,3–1,2 mg/kg/h i. v. b) [K] 25–40 mg/kg + [A] 0,25–1 mg/kg i. m. c) [K] 30–40 mg/kg + [D] 2–5 mg/kg i. m. (niedrige Dosis für [D] bevorzugen), [K] 10 mg/kg + [D] 0,5 mg/kg i. v.; [K] 15–40 mg/kg + [D] 0,3–5 mg/kg i. m. (Anästhesie, fortzusetzen mit Isofluran) d) [M] 0,1–0,35 mg/kg i. v., dann [K] (5–) 20 mg/kg i. v. nach 15 min; [M] 0,35 mg/kg i. m. + [K] 5 mg/kg i. v. (chirurgische Toleranz: ca. 19 min); [M] 0,35 mg/kg i. m., dann [K] 5–20 mg/kg i. v. nach 15 min f) [K] 25 mg/kg + [MZ] 2–5 mg/kg i. m.; [K] 15 g/kg + [MZ] 3 mg/kg i. m. (Anästhesieeinleitung) g) [K] 10 mg/kg + [X] 3 mg/kg i. v.; [K] 30–40 mg/kg + [X] 3–5 mg/kg i. m. j) [K] 5 mg/kg + [De] 0,02 mg/kg + [F] 0,01 mg/kg i. m. l) initial [K] 0,4–0,5 mg/kg + [B] 0,02–0,06 mg/kg i. v., anschl. [K] 0,4–1 mg/kg/h + [B] 0,1–0,2 mg/kg/h i. v.

Wirkstoff	Beispiele für Handelspräparate	Wirkung	Indikation
→ Ketamin			

Mögliche Nebenwirkungen, Besonderheiten	Kontraindikationen	Tierart, Dosierung
		m) initial [K] 0,4–0,5 mg/kg + [F] 0,005 mg/kg i.v., anschl. [K] 0,4–1 mg/kg/h + [F] 0,005–0,02 mg/kg/h i.v. n) initial [K] 0,4–0,5 mg/kg + [H] 0,05 mg/kg i.v., anschl. [K] 0,4–1 mg/kg/h + [H] 0,025–0,05 mg/kg/h i.v. **Maus:** a) 22 mg/kg i.m. d) [K] 40–75 mg/kg + [M] 1 mg/kg i.p. (bei weiblichen Tieren höhere Dosierung verwenden) g) [K] 50–80 mg/kg + [X] 5–8 mg/kg i.p. i) [K] 75 mg/kg + [De] 0,5 mg/kg i.p. **Meerschwein:** a) 22–44 mg/kg i.m. c) [K] 20–30 mg/kg + [D] 1–2 mg/kg i.m. d) [K] 40 mg/kg + [M] 0,5 mg/kg i.m., i.p.; [K] 3–5 mg/kg + [M] 0,1 mg/kg s. c., i.m., kurze Wirkdauer f) [K] 5–10 mg/kg + [MZ] 0,5–1 mg/kg i.m. g) [K] 20–40 mg/kg + [X] 2 mg/kg i.m. (leichte Anästhesie) i) [K] 2–4 mg/kg + [De] 0,05 mg/kg s.c., i.m. k) [K] 20 mg/kg + [M] 0,1 mg/kg + [B] 0,03 mg/kg i.m. **Ratte:** a) 22 mg/kg i.m. d) [K] 75–90 mg/kg + [M] 0,5 mg/kg i.p., Wirkdauer 20–30 min f) [K] 40 mg/kg + [M] 1–2 mg/kg i.m., s.c., i.p. g) [K] 75–100 mg/kg + [X] 5 mg/kg i.m., i.p. l) [K] 75 mg/kg + [De] 0,5 mg/kg i.p.

Wirkstoff	Beispiele für Handelspräparate	Wirkung	Indikation
Ketoconazol	Fugazid (200 mg/-400 mg/Tabl.) Ⓥ (CP-Pharma)	Imidazolderivat, Antimykotikum, Antiprotozoikum, hemmt Ergosterolbiosynthese (und Synthese von Cholesterolhormonen)	a) systemische Mykosen (fungistatisch, in höheren Dosen fungizid) b) Hyperadrenokortizismus (hemmt Synthese von Cholesterolhormonen, Wirkung beim Frettchen umstritten)
Ketoprofen	Danidol (60 mg/ml Inj.-Lsg., 300 mg/ml Lsg.) Ⓥ (bela-pharm, Ecuphar), Dinalgen (150 mg/ml Inj.-Lsg.) Ⓥ (Bayer Vital), Romefen (100 mg/ml Inj.-Lsg.) Ⓥ (Merial) u.a.	nichtsteroidales Antiphlogistikum, schwaches Analgetikum, Hemmstoff der Prostaglandinsynthese	muskuloskelettale Schmerzen, Entzündungen des Bewegungsapparats
Ketorolac-Trometamol	Ketovision (5 mg/ml) Ⓗ (OmniVision)	nichtsteroidales Antiphlogistikum	nichtinfektiöse Entzündungen des vorderen Augenabschnitts
Kortisol s. Cortisol			

Mögliche Nebenwirkungen, Besonderheiten	Kontraindikationen	Tierart, Dosierung
Übelkeit, Erbrechen, Thrombozytopenie, Anstieg der Leberenzymaktivitäten	Hepatopathie	a) **Chinchilla:** 10–40 mg/kg p. o., 1 × tgl., über 14 Tage **Frettchen:** 10–30 (–50) mg/kg p. o., 1–3 × tgl. **Gerbil:** 10–40 mg/kg p. o., 1 × tgl., über 14 Tage **Hamster:** 10–40 mg/kg p. o., 1 × tgl., über 14 Tage **Igel:** a) 10 mg/kg p. o., 1 × tgl., über 42–56 Tage; 25–50 mg/kg p. o., 1 × tgl., über 21(–28) Tage **Kaninchen:** 10–40 mg/kg p. o., 1 × tgl., über 14 Tage **Maus:** 10–40 mg/kg p. o., 1 × tgl., über 14 Tage **Meerschwein:** 10–40 mg/kg p. o., 1 × tgl., über 14 Tage **Ratte:** 10–40 mg/kg p. o., 1 × tgl., über 14 Tage b) **Frettchen:** 15 mg/kg p. o., 2 × tgl.
Erbrechen, Durchfall, Anorexie, selten gastrointestinale (okkulte) Blutungen, Störungen der Nierenfunktion	gastrointestinale Krankheiten (Ulzera), hämorrhagische Diathese, Hepato-, Nephropathie, dekompensierte Herzinsuffizienz, Hypertonie, Gravidität, nicht mit steroidalen oder nichtsteroidalen Antiphlogistika kombinieren, nicht > 5 Tage	**Chinchilla:** 1–3 mg/kg s. c., i. m., 1–2 × tgl. **Frettchen:** 1–3 mg/kg p. o., s. c., i. m., 1 × tgl. **Gerbil:** 5 mg/kg s. c., 1 × tgl. **Hamster:** 5 mg/kg s. c. **Kaninchen:** 1 (–3) mg/kg s. c., i. m., 1–2 × tgl. **Maus:** 5 mg/kg s. c. **Meerschwein:** 1 mg/kg s. c., i. m., 1–2 × tgl. **Ratte:** 5 mg/kg p. o., s. c., i. m., 1 × tgl.
nicht bekannt	nicht bekannt	**Kaninchen:** topisch am Auge

Wirkstoff	Beispiele für Handelspräparate	Wirkung	Indikation
Lactobacillus spp.	Bene-Bac (10 Mio. KBE/g Gel, 25 Mio. KBE/g Pulver) Ⓥ F K Kln (Albrecht)	Probiotikum (7 verschiedene Bakterien spp.)	Stabilisierung der Darmflora (Wirkung umstritten)
Lactulose	Lactulose (615 mg/ml Susp.) Ⓥ F K Kln (Albrecht)	Disaccharid, Laxans	a) Kolonobstipation b) Hepatoenzephalopathie, Hyperammonämie, Prophylaxe Kolonopstipation c) Lebererkrankung
Lasalocid	als Futtermittelzusatzstoff für Masthühner und Junghennen sowie Puten zugelassen	Antikokzidium, Ionophor	Kokzidiose
L-Asparaginase	Asparaginase (10.000 E/ Durchstechfl.) Ⓗ (medac)	Zytostatikum	Lymphom
Lecirelin	Dalmarelin (2,5 µg/ml Inj.-Lsg.) Ⓥ K (Selectavet)	Gonadorelin, synthetisches GnRH-Analogon, Peptidhormon	a) Ovulationsinduktion b) Verbesserung der Konzeptionsrate
Leinsamen s. Lini semen			
Leuprorelin	Lutrate (3,75 mg Pulver und Lsg.-Mittel zur Herst. einer Inj.-Lsg.) Ⓗ (Ribosepharm), Eligard (7,5 mg Pulver und Lsg.-Mittel zur Herst. Einer Inj.-Lsg.) Ⓗ (Astellas Pharma) u. a.	Antigonadotropin, GnRH-Agonist	a) Nebennierenrindentumor (palliativ) b) Ovarialzysten

Mögliche Nebenwirkungen, Besonderheiten	Kontraindikationen	Tierart, Dosierung
nicht bekannt	nicht bekannt	**Kaninchen, Kleinnager:** p.o. während Antibiotikatherapie, 2 Std. vor/nach Antibiotikagabe (nicht zeitgleich), nach Therapieende 5–7 Tage fortsetzen
Meteorismus, Flatulenz, Senkung des Darm-pH-Werts	Ileus	**Igel:** d) 0,3 ml/kg p.o., 2–3 × tgl. **Kaninchen, Kleinnager, Frettchen:** a) 2–3 ml/kg p.o., 2–3 × tgl. b) 1 ml/kg p.o., 2 × tgl. c) 0,5 ml/kg p.o., 2 × tgl.
bei Überdosierung neuromuskuläre Störungen möglich	nicht unverdünnt anwenden (Kaninchen: LD_{50}: 40 mg/kg p.o., 50 mg/kg topisch)	**Kaninchen:** 120 mg/kg Futter
vorübergehend Hypothyreose, Inappetenz, Erbrechen, Pankreatitis, Blutdruckabfall, Blutbildveränderungen, Fieber möglich, Gefahr des anaphylaktischen Schocks steigt bei jeder Injektion	Pankreatitis, Gravidität, Überempfindlichkeit	**Frettchen:** 400 I. E./kg s.c., i.m., in Kombi mit Prednisolon 2 mg/kg p.o., 1 × tgl., lebenslang; 10.000 I. E./m^2 s.c., alle 7 Tage, 3 Behandl.
nicht bekannt	nicht bekannt	**Kaninchen:** a) 0,5 µg/Tier i.m., Deckakt bzw. Besamung unmittelbar p. a. b) 0,75 µg/Tier i.m., Deckakt bzw. Besamung unmittelbar p. a.
Schrumpfen der Prostata für 12–48 Std. mit Verbesserung des Harnflusses bei Harnröhrenobstruktion	Trächtigkeit	**Frettchen:** a) 100 µg/kg i.m., alle 28 Tage bis zum Rückgang der klinischen Symptome, dann alle 4–8 Wo. lebenslang: 250 µg/kg i.m. **Meerschwein:** b) 0,2–0,3 mg/kg i.m., alle 28 Tage

Wirkstoff	Beispiele für Handelspräparate	Wirkung	Indikation
Levamisol	Concurat-L (100 mg/g Pulver) Ⓥ (Bayer Vital), Levamisol (100 mg/ml Inj.-Lsg.) Ⓥ (CP-Pharma, MEDISTAR, Serumwerk Bernburg), Nilverm nova (118 mg/g Pulver) Ⓥ (MEDISTAR, Serumwerk Bernburg) u. a.	Anthelminthikum	Befall mit Magen-, Darm- und Lungennematoden wie Askariden, Nematoden, *Ancylostoma*, *Uncinaria*
Levetiracetam	Levetiracetam (100 mg/ml Lsg., 250 mg/Tabl. u. a.) Ⓗ (Hormosan)	Antiepileptikum	Epilepsie
Levothyroxin (als Natrium)	Forthyron (200 µg/Tabl.) Ⓥ (Albrecht), Leventa (1 mg/ml Lsg.) Ⓥ (Intervet) u. a.	Schilddrüsenhormon	Hypothyreose
Lidocain	Lidocainhydrochlorid (20 mg/ml Inj.-Lsg.) Ⓥ (bela-pharm), Ursocain (50 mg/ml Inj.-Lsg.) Ⓥ (MEDISTAR, Serumwerk Bernburg)	Lokal-, Leitungsanästhetikum, Prokinetikum, Antiarrhythmikum	a) Infiltrations-, Leitungs-, Epiduralanästhesie b) ventrikuläre, tachykarde Herzrhythmusstörungen c) intraoperative Analgesie
Lime solution sulfurated (geschwefelte Kalklösung)	LimePlus Dip (978 mg/ml Lsg.) Tierpflegemittel [Kln] (Albrecht)	Calciumpolysulfide (Calciumhydroxis plus Schwefel)	Dermatophytose
Lincomycin	Albiotic (, 400 mg/g Pulver u. a.) Ⓥ (Zoetis), Linco-Tabs (200 mg/Tabl.) Ⓥ (CP-Pharma), Lincomycin (100 mg/ml Inj.-Lsg. u. a.) Ⓥ (Veyx-Pharma) u. a.	Lincosamid-Antibiotikum, bakteriostatisches Mittelbandspektrumantibiotikum	Infektionen durch grampositive Kokken, Anaerobier, Mykoplasmen; Pneumonie, Arthritiden, Osteomyelitis (nach Antibiogramm)

Mögliche Nebenwirkungen, Besonderheiten	Kontraindikationen	Tierart, Dosierung
Speicheln, Unruhe (bei Überdosierung); **Igel:** bei Überdosierung besteht Exitusgefahr	nicht bekannt	**Igel:** 10 mg/kg s.c. (verdünnte Lsg.), Wdh. nach 2 Tagen (geschwächte Tiere halbe Dosis) **Kaninchen:** 8 mg/kg s.c.; Nematoden: 12,5–20 mg/kg p.o. (im Magen), s.c. (außerhalb des Magens) **Meerschwein:** 25 mg/kg s.c.
Dosierung beim Kaninchen nicht gesichert	nicht bekannt	**Kaninchen:** 20 mg/kg p.o., 3 × tgl.
Hyperthyreose	Hyperthyreose, unbehandelter Hypoadrenokortizismus	**Frettchen:** 0,2–0,4 mg/kg, 2 × tgl.; 50–100 µg/Tier, 2 × tgl. **Kleinnager** (die meisten Arten): 5 µg/kg p.o., 2 × tgl.
selten kardiovaskuläre und ZNS-Symptome, Überempfindlichkeitsreaktionen	schwere Herzleitungsstörungen, Überempfindlichkeit, Hepatopathie, Atemdepression, Hypoxie	**Frettchen:** a) 1–2 mg/kg s.c. (1–2%ige Lsg.); 0,5–1 mg/kg i.v., 2 × tgl. **Kaninchen:** a) 0,3 ml/kg epidural b) 1–2 mg/kg i.v.; 2–4 mg/kg i.t. c) initial 2 mg/kg i.v., anschl. 50 µg/kg/min oder 100 µg/kg/min i.v. (konstante Infusionsraten verringern die Isofluran-MAC) **Kleinnager** (die meisten Arten): b) 1–2 mg/kg i.v.; 2–4 mg/kg i.t.
bei Kaninchen mit Vorsicht anwenden	Hautreizung	**Kleinnager:** Dip 1 : 40 verdünnt mit Wasser, alle 5–7 Tage, 4–6 Anw.
Durchfall, Erbrechen, Anorexie, selten Allergie, Hämatopoesestörung	nur anwenden, wenn Infektionen bestehen, gegen die Penicilline oder Makrolide unwirksam sind; **keine Anwendung bei Chinchilla, Hamstern, Kaninchen, Meerschwein**	**Frettchen:** 11 mg/kg p.o., i.m., 3 × tgl. **Igel:** 100 mg/kg s.c., 2 × tgl., über 5 Tage

Wirkstoff	Beispiele für Handelspräparate	Wirkung	Indikation
Lini semen (Semen lini, Leinsamen)	Leinsamen	Quellstoff	chronische Obstipation
Loperamid	Imodium (2 mg/Hartkapsel, 0,2 mg/ml Lsg. u. a.) Ⓗ (Janssen-Cilag u. a.), Lopedium (2 mg Tabl., 2 mg/ml Lsg.) Ⓗ (HEXAL) u. a.	Opioid, Antidiarrhoikum, Darmmotilitätshemmung	Durchfall (Frettchen: besonders bei ECE [epizootische katarrhalische Gastroenteritis]), gesteigerte Darmperistaltik
Lufenuron	Program (67,8 mg/Tabl., 133 mg/Ampulle u. a.) Ⓥ (Elanco Animal Health)	Antiparasitikum, ovozider und larvizider Entwicklungshemmer (nicht adultizid), fungizid durch Hemmung der Chitinsynthese	Flohbefall, Dermatophytose (Wirkung umstritten)
Lufenuron + Milbemycinoxim s. Milbemycinoxim			
Lysin, L-	kein veterinär- oder humanmedizinisches Arzneimittel in Deutschland verfügbar	Aminosäure, Puffer-, Elektrolytlösung	a) Alkalose b) rekurrierende okuläre Infektionen mit *Herpesvirus felis* c) *Herpes simplex*
Mannitol (Mannit)	Mannitol (100 mg/ml Inf.-Lsg. u. a.) Ⓗ (Serumwerk Bernburg)	Diuretikum, Osmodiuretikum, osmotisches Laxans	Diureseanregung, Ödeme, besonders Gehirnödem, akutes Nierenversagen, hoher Augeninnendruck

Mögliche Nebenwirkungen, Besonderheiten	Kontraindikationen	Tierart, Dosierung
Meteorismus	Ileus, sekundäre Obstipation, Vergiftungen (ungeeignet)	**Chinchilla:** 5 ml Leinsamenschleim mit Traubenzucker p. o., 3 × tgl.
gering; bisweilen Darmträgheit, trockene Schleimhäute, Müdigkeit	Ileus, Jungtiere, akute bakterielle Enteritiden, Vorsicht bei Herbivoren (ggf. Hypomotilität, Konstipation)	**Frettchen:** 0,2 mg/kg p. o., 2 × tgl. **Kaninchen:** 0,1 mg/kg p. o., 3 × tgl., über 3 Tage, dann 1 × tgl., über 2 Tage **Kleinnager:** 0,1 mg/kg p. o., 3 × tgl., über 3 Tage, dann 1 × tgl., über 2 Tage
lokale Reizungen, oral: Erbrechen, Lethargie/Depression, Anorexie, Diarrhoe, Dyspnoe, Pruritus und andere Hautprobleme	nicht bekannt	**Chinchilla:** 150–200 mg/kg, 1 × tgl. in fettreichem Hundefutter, über 1 Mon.; 100 mg/kg p. o., 1 × alle 14 Tage, 3 Behandl. **Frettchen:** 30–45 mg/kg p. o., 1 × monatlich **Igel:** 66,5 mg/Tier p. o., 1 × monatlich **Kaninchen:** 30 mg/kg p. o., 1 × monatlich
Azidose bei Überdosierung	Azidose, Hyperchlorämie, Hypokaliämie	a) **alle:** BE × 0,3 × kg = mmol Säureäquivalent b) **Kaninchen:** 250 mg/Tier p. o., 2 × tgl. c) **Igel:** 250–500 mg/kg p. o., 1 × tgl.
zu rasche Infusion: Flüssigkeitsverschiebung im Gewebe/Gefäßsystem	Oligurie/Anurie, Dehydratation, dekompensierte Herzinsuffizienz, Lungenödem, intrakranielle Blutung; keine Langzeittherapie	**alle:** 0,25–1 g/kg; bis 0,3 g/kg/Std. i. v., DTI; osmotisches Laxans als 20%iges Klysma **Frettchen:** 0,5–1 mg/kg i. v., über 20 min

Wirkstoff	Beispiele für Handelspräparate	Wirkung	Indikation
Marbofloxacin	Marbocyl (10 mg/ml Inj.-Lsg. u. a., 5 mg/Tabl. u. a.) Ⓥ (Vétoquinol), Quiflor (5 mg/Tabl., 20 mg/ml Inj.-Lsg. u. a.) Ⓥ (TAD Pharma) u. a.	antibakterielles Chemotherapeutikum, Gyrasehemmer, Fluorchinolon, breites antibakterielles Spektrum, bakterizid	Infektionen durch grampositive oder -negative Bakterien (außer Anaerobier, nach Antibiogramm), v. a. der Haut, der Harnwege, des Respirationstrakts
Mebendazol	kein veterinär- oder humanmedizinisches Monoarzneimittel in Deutschland verfügbar; Flukiver Combi (50 mg Closantel + 75 mg Mebendazol/ml Susp.) Ⓥ (Elanco Animal Health)	Anthelminthikum, Benzimidazol	Befall mit Askariden, *Ancylostoma*, *Trichuris*, *Uncinaria*, *Oxyuris* a) *Capillaria* spp., *Crenosoma* (Nematoden) b) *Hymenolepis* (Zestoden)
Meclozin (Meclizin)	kein veterinär- oder humanmedizinisches Arzneimittel in Deutschland verfügbar	H_1-Antihistaminikum, Antiemetikum	Reduktion von Desorientierung und unkontrolliertem Drehen um die eigene Längsachse bei Tortikollis

Mögliche Nebenwirkungen, Besonderheiten	Kontraindikationen	Tierart, Dosierung
gastrointestinale Störungen, evtl. Polydipsie, bei langer oder hoher Dosierung Nierenepithelschäden möglich, chondrotoxischer Effekt; Allergie möglich, bei Herbivoren auch oral gut verträglich	Knorpelschäden, Wachstumsalter, Gravidität, Säugezeit; Nierenfunktionsstörungen	**Frettchen:** 2–5 mg/kg p. o., s. c., 2 × tgl. **Kaninchen:** 2 mg/kg i. m., i. v., 1 × tgl.; 5 mg/kg p. o., 1 × tgl., über 10 Tage **Kleinnager:** 4 mg/kg p. o., s. c, 1 × tgl. **Maus:** 2–5 mg/kg p. o., s. c., i. v., 1 × tgl., über 10 Tage **Meerschwein:** 2 mg/kg p. o., s. c., 1 × tgl.
Durchfall, Erbrechen, Hepatopathie	Gravidität; **Ratte:** teratogen	**Chinchilla:** 50–60 mg/kg p. o., 2 × tgl., über 5 Tage **Frettchen:** 50 mg/kg p. o., 2 × tgl., über 2 Tage **Igel:** a) 50 mg/Tier (Igel < 500 g), 100 mg/Tier (Igel > 500 g) p. o., 1 × tgl., über 5 Tage; 25 mg/Tier (Igel < 500 g) p. o., 2 × tgl., 50 mg/Tier (Igel > 500 g) p. o., 1 × tgl., über 5 Tage, Wdh. nach 14–21 Tagen b) 10–20 mg/kg p. o., 1 × tgl., über 5 Tage **Kaninchen:** a) 50 mg/kg p. o., 1 × tgl. b) 50 mg/kg p. o., 2 × tgl., über 2 Tage **Maus:** 40 mg/kg p. o., 1 × tgl., alle 7 Tage, über 21 Tage **Meerschwein:** 20–50 mg/kg p. o., 1 × tgl., über 5 Tage, Wdh. nach 14 Tagen **Ratte:** 40 mg/kg p. o., 1 × tgl., alle 7 Tage, über 21 Tage
nicht bekannt	nicht bekannt	**Kaninchen:** 2–12 mg/kg p. o., 1 × tgl.; 12,5–25 mg/kg p. o., 2–3 × tgl.

Wirkstoff	Beispiele für Handelspräparate	Wirkung	Indikation
Medetomidin	Cepetor (1 mg/ml Inj.-Lsg.) Ⓥ (CP-Pharma), Domitor (1 mg/ml Inj.-Lsg.) Ⓥ (Vétoquinol), Sedator (1 mg/ml Inj.-Lsg.) Ⓥ (Albrecht) u. a.	Sedativum, Xylazin-ähnlicher α_2-Agonist, Analgetikum, Muskelrelaxans	a) Analgesie, Sedation, Narkoseprämedikation Anästhesie: Medetomidin [M] in Kombination mit b) Propofol [P] c) Butorphanol [B] d) Fentanyl [F] + Midazolam [MZ] e) Midazolam [MZ] + Butorphanol [B]

Medetomidin + Alfaxalon s. Alfaxalon

Medetomidin + Ketamin (+ Fentanyl oder Butorphanol oder Buprenorphin) s. Ketamin

Mögliche Nebenwirkungen, Besonderheiten	Kontraindikationen	Tierart, Dosierung
Bradykardie, AV-Block, Atemdepression, Erbrechen, Hypothermie, verminderte Insulinreaktion (Hyperglykämie)	Passagehindernisse im Gastrointestinaltrakt, Herzkrankheiten, Funktionsstörung der Atmungsorgane, Hepato-, Nephropathie, Diabetes mellitus, Gravidität	**Chinchilla:** a) 1 mg/kg i.m. (fraglich) d) [M] 0,05 mg/kg + [F] 0,02 mg/kg + [MZ] 1 mg/kg, i.m. **Frettchen:** a) 0,08–0,2 mg/kg s.c., i.m. c) [M] 0,08 mg/kg + [B] 0,1 mg/kg i.m. **Gerbil:** a) 0,1–0,2 mg/kg s.c. **Hamster:** a) 0,1–0,3 mg/kg s.c. d) [M] 0,33 mg/kg + [F] 0,033 mg/kg + [MZ] 3,3 mg/kg, s.c. **Igel:** a) 0,05–0,2 mg/kg s.c., i.m. **Kaninchen:** a) 0,1–0,25 mg/kg i.m. b) [M] 0,35 mg/kg i.m. + [P] 3 mg/kg i.v. (chirurgische Toleranz: ca. 11 min) d) [M] 0,2 mg/kg + [F] 0,02 mg/kg + [MZ] 1 mg/kg i.m. **Maus:** a) 0,03–0,1 mg/kg s.c. **Meerschwein:** a) 0,3 mg/kg s.c. d) [M] 0,2 mg/kg + [F] 0,025–0,05 mg/kg + [MZ] 2 mg/kg, i.m. e) [M] 0,3 mg/kg + [MZ] 4 mg/kg + [B] 5 mg/kg i.p., Wirkdauer <60 min **Ratte:** a) 0,03–0,1 mg/kg s.c.; 0,15–0,25 mg/kg i.m. c) [M] 0,1 mg/kg + [B] 2 mg/kg i.m. d) [M] 0,15 mg/kg + [F] 0,005 mg/kg + [MZ] 2 mg/kg, i.m. e) [M] 0,05 mg/kg + [MZ] 1 mg/kg + [B] 2 mg/kg i.p.; [M] 0,15 mg/kg + [MZ] 2 mg/kg + [B] 2,5 mg/kg i.p.

Wirkstoff	Beispiele für Handelspräparate	Wirkung	Indikation
Melarsamin (Melarsomin, Melaminylthioarsenat)	kein veterinär- oder humanmedizinisches Arzneimittel in Deutschland verfügbar	Antiprotozoikum, Trypanozid, Herzwurmadultizid	Herzwurmbefall
Melatonin	Circadin (2 mg/Tabl.) Ⓗ (Medice)	Melatonin-Rezeptor-Agonist	Hyperadrenokortizismus, symptomatische Behandlung
Meloxicam	Inflacam (1 mg/Kautabl. u. a., 1,5 mg/ml Susp. u. a.) Ⓥ (Virbac), Metacam (1 mg/Kautabl. u. a., 0,5 mg/ml Susp. u. a., 2 mg/ml Inj.-Lsg. u. a.) Ⓥ (Boehringer Ingelheim), Rheumocam (1 mg/Kautabl. u. a., 1,5 mg/ml Susp., 5 mg/ml Inj.-Lsg. u. a.) Ⓥ (Albrecht) u. a.	nichtsteroidales Antiphlogistikum, schwaches Analgetikum, Hemmstoff der Prostaglandinsynthese	entzündungshemmend, abschwellend
Meperidin s. Pethidin			
Mesulfen (Dimethylthianthren)	kein veterinär- oder humanmedizinisches Arzneimittel in Deutschland verfügbar	Antiparasitikum, Ektoparasitikum	Räudemilbenbefall
Metamizol (als Natrium)	Metamizol (500 mg/ml Inj.-Lsg.) Ⓥ (WDT), Metapyrin (500 mg/ml Inj.-Lsg., 1000 mg/g Pulver) Ⓥ (MEDISTAR, Serumwerk Bernburg) u. a.	schwaches Analgetikum, Antipyretikum, Spasmolytikum	Fiebersenkung, Schmerzzustände

Mögliche Nebenwirkungen, Besonderheiten	Kontraindikationen	Tierart, Dosierung
adultizid, Injektion nur tief i.m., L3–5	schwerer Herzwurmbefall	**Frettchen:** 2,5 mg/kg i.m. 1 ×, Wdh. nach 30 Tagen mit 2 Behandl. 24 Std. auseinander, nach Behandl. 1 mg/kg Prednison, 1 × tgl., über 4 Monate
keine Beeinflussung des Tumorwachstums	nicht bekannt	**Frettchen:** 0,5–1 mg/Tier, 1 × tgl., nach Bedarf
Nephropathien, gastrointestinale Reizung, Magen-Darm-Blutungen, Appetitlosigkeit, Erbrechen, Durchfall, Anämie, Thrombozytopenie, Hepatopathien, keine Wirkung gegen akuten Operationsschmerz	Trächtigkeit, Laktation, Nephropathie, < 6 Wo., hämorrhagische Diathese, Hypovolämie, Kardiopathie, keine Kombination mit steroidalen oder nichtsteroidalen Antiphlogistika, nicht bei Dehydratation	**Chinchilla:** ≥ 0,5 mg/kg p.o., s.c., 1 × tgl. **Frettchen:** 0,1–0,3 mg/kg p.o., s.c., i.m., 1 × tgl. **Gerbil:** ≥ 0,5 mg/kg p.o., s.c., 1 × tgl. **Hamster:** ≥ 0,5 mg/kg p.o., s.c., 1 × tgl. **Igel:** 0,08–0,5 mg/kg p.o., 1–2 × tgl.; 0,2 mg/kg p.o., s.c., 1 × tgl.; 0,5 (–1) mg/kg i.m., 1 × tgl. **Kaninchen:** 0,2–0,3 (–1,5) mg/kg p.o., s.c., i.m. ,1 × tgl., über 5–10 Tage **Maus:** 1–5 mg/kg p.o., s.c., 1 × tgl. **Meerschwein:** 0,1–0,5 mg/kg p.o., s.c., 1 × tgl. **Ratte:** 1–2 mg/kg p.o., s.c alle: bei starken Schmerzen 2 × tgl. geben u./o. mit anderen Analgetika kombinieren
nicht bekannt	nicht bekannt	**Kleinnager:** Ganzkörperbehandlung mit 20%iger oder 80%iger Lösung, 1 × tgl., über 3 Tage
bei längerer Anwendung Blutbildveränderungen, i.v. Injektion sehr langsam (Schockgefahr), rasch wirkend (nur 4–5 Std.), keine Atem- oder Kreislaufdepression, gut bei	Schädigung des Hämatopoesesystems, Vorsicht bei Hypotonie, instabilem Kreislauf, um den Geburtszeitpunkt, Laktation	**Chinchilla, Hamster, Maus, Meerschwein, Ratte:** 50–100 mg/kg p.o., s.c., i.m., langsam i.v., alle 6 Std. **Frettchen:** 50 mg/kg p.o., s.c., i.m., langsam i.v., alle 6 Std.

Wirkstoff	Beispiele für Handelspräparate	Wirkung	Indikation
→ Metamizol (als Natrium)			
Metamizol [M] + Butylscopolamin [BS]	Buscopan compositum (500 mg [M] + 4 mg [BS] /ml Inj.-Lsg.) Ⓥ (Boehringer Ingelheim), Buscosol (4 mg/ml + 500 mg Metamizol/ml Inj.-Lsg.) Ⓥ (CP-Pharma), Spasmium comp. (4 mg/ml + 500 mg Metamizol/ml Inj.-Lsg.) Ⓥ (WDT)	s. Metamizol, Butylscopolamin: Parasympatholytikum, Acetylcholinantagonist	Spasmen der glatten Muskulatur (Blase, Magen-Darm-Trakt)
Methadon	Comfortan (10 mg/ml) Ⓥ (Albrecht)	morphinartiges Analgetikum, Opioid	Narkoseprämedikation, Neuroleptanalgesie
Methohexital	kein veterinär- oder humanmedizinisches Arzneimittel in Deutschland verfügbar	Barbiturat, Injektionsnarkotikum	Kurznarkose
Methotrexat	Methotrexat (7,5 mg/ml Inj.-Lsg. u. a.) Ⓗ (medac u. a.) u. a.	Zytostatikum, S-Phasen-spezifisch, Folsäureantagonist	Lymphome
Metildigoxin	Lanitop (0,05 mg–0,1 mg/Tabl.) Ⓗ (Riemser)	Herzglykosid, Inotropikum	dilatative Cardiomyopathie, tachykarder Arrhythmie
Metopren s. Fipronil + S-Methopren			
Metyrapon	Metopiron (250 mg/Kapsel) Ⓗ (HRA Pharma)	Antikortikosteroid	Hyperadrenokortizismus

Mögliche Nebenwirkungen, Besonderheiten	Kontraindikationen	Tierart, Dosierung
Magen-Darm-Problemen bei Herbivoren		**Igel:** 50–100 mg/kg s.c., 1–3 × tgl. **Kaninchen:** 50 mg/kg p.o., s.c., i.m., langsam i.v., alle 4 Std.; 65 mg/kg p.o., s.c., alle 6 Std.
s. Metamizol, Butylscopolamin: Hemmung der Motilität von Magen, Darm und Harnblase, der Sekretion in Magen, Darm und Bronchien; Mydriasis, Steigerung des intraokulären Drucks	s. Metamizol, Butylscopolamin: Herztachyarrhythmie, Darmatonie, Pylorusstenose; **Herbivoren:** Gefahr von fatalen Magen-Darm-Atonien, Einsatz nur bei strenger Indikation unter Überwachung	**Igel:** [M] 50–100 mg/kg + [BS] 0,4–0,8 mg/kg s.c., 1 × tgl.
wie Morphin: Atemdepression, Nausea, Salivation, Erbrechen, Diarrhoe, Bronchospasmus, Bradykardie; Harn- und Kotabsatz	wie Morphin, nicht bei Fieber, Hepato-, Nephropathie, erhöhter intrakranialer Druck	**Maus:** 1–2 mg/kg s.c., i.m. **Meerschwein:** 3–6 mg/kg s.c. **Ratte:** 1–4 mg/kg s.c., i.m.
Hypotonie, Atemdepression	Operationen im Larynx-, Pharynxbereich, schwere Hepatopathien, Nephropathien	**Kaninchen:** 10 mg/kg i.v. **Maus:** 10 mg/kg i.v. **Ratte:** 7–10 mg/kg i.v.
Haut-, Schleimhautreizung, Azotämie	Niereninsuffizienz, Magen-Darm-Ulzera, Hepatopathie, Hämatopoesestörung	**Frettchen:** 0,5 mg/kg i.v.; 0,8 mg/kg i.m.
ZNS-Störungen, Magen-Darm-Störungen, geringe therapeutische Breite, nicht plötzlich absetzen, sondern langsam ausschleichen	nicht bekannt	**Kaninchen:** 0,005–0,01 mg/kg p.o., 1 × tgl. **Kleinnager:** 0,008 mg/kg p.o., 1 × tgl.
nicht bekannt	nicht bekannt	**Hamster:** 8 mg/Tier p. o., 1 × tgl., über 4 Wo.

Wirkstoff	Beispiele für Handelspräparate	Wirkung	Indikation
Metipranolol	Betamann (1 mg–3 mg–6 mg/ml Augentr.) Ⓗ (Mann)	Betablocker, β-Adrenolytikum	Glaukom
Metoclopramid (MCP)	Emeprid (1 mg/ml Lsg., 5 mg/ml Inj.-Lsg.) Ⓥ (CEVA), Vomend (5 mg/ml Inj.-Lsg.) Ⓥ (Albrecht)	Dopamin-D_2-, $5HT_3$-Antagonist, Antiemetikum, Prokinetikum	zentrales oder peripheres Erbrechen, Magenentleerungsstörung, Refluxösophagitis
Metronidazol	Metrobactin (250 mg/–500 mg/Tabl.) Ⓥ (CP-Pharma)	antimikrobielles Chemotherapeutikum (Schädigung von Mikroorganismen durch Chromosomenbrüche), Nitroimidazol	Anaerobierinfektion, Stomatitis; Infektionskrankheiten, inkl. akute Gastroenteritis durch grampositive oder -negative Bakterien, Trichomonaden, Giradien, Kokzidien

Mögliche Nebenwirkungen, Besonderheiten	Kontraindikationen	Tierart, Dosierung
lokale Reizung, systemische Nebenwirkungen selten (Speicheln, Erbrechen u. a.)	akute Irisentzündung, Pupillarblock, Iridozyklitis, Herzinsuffizienz, Erkrankungen des Atmungstrakts, spastische Kolik,Trächtigkeit	**Kaninchen:** topisch am Auge, 2–3 × tgl.
Unruhe, Tremor, Rigor (lange Anwendung), Durchfall oder Obstipation, Gynäkomastie, Herbivore, keine Wirkung im Dünn- und Dickdarmbereich	Ileus, Magen-Darm-Ulzera, -Perforation, Hepato-, Nephropathie, Phäochromozytom, Gabe > 3 Tage (Gefahr der Hypomotilität)	**Frettchen:** 0,2–1 mg/kg p. o., s. c., i. m., 3–4 × tgl. **Igel:** 0,2–0,5 mg/kg p. o., s. c., 1–3 × tgl. **Kaninchen:** 0,2–1 mg/kg p. o., s. c., 2–4 × tgl. **Kleinnager:** 0,2–1 mg/kg p. o., s. c., i. m., 2 × tgl. **Meerschwein:** 0,5–1 mg/kg p. o., s. c., i. m., 2–3 × tgl.
Juckreiz, Erbrechen, Durchfall, Leukopenie, Frettchen: *Helicobacter*-Therapie in Kombination mit Amoxicillin und Bismuthsubsalicylat	Vorsicht bei Hepatopathien und ZNS-Krankheiten, Vorsicht beim Chinchilla	**Chinchilla:** 10–20 mg/kg p. o., 2 × tgl; Giradiose: 50 mg/kg p. o., 2 × tgl., über 5 Tage **Frettchen:** 15–20 mg/kg p. o., 2 × tgl. (über 14 Tage bei gastrointestinalen Protozoen); 50 mg/kg p. o., 1 × tgl. **Gerbil:** 20–60 mg/kg p. o., 2–3 × tgl. **Hamster:** 20–50 mg/kg p. o., 3 × tgl. **Igel:** 25 mg/kg p. o., 2 × tgl. über 5–7 Tage **Kaninchen:** 5 mg/kg langsam i. v., 2 × tgl.; 20 mg/kg p. o., 2 × tgl., über 3–5 Tage; 40 mg/kg p. o., 1 × tgl., über 3 Tage **Maus:** 10–40 mg/kg p. o., 1–2 × tgl., über 3–5 Tage; 2,5 mg/ml Trinkwasser, über 5 Tage **Meerschwein:** 20–25 mg/kg p. o., 2 × tgl., über 3–5 Tage **Ratte:** 10–40 mg/kg p. o., 1–2 × tgl., über 3–5 Tage; 50–60 mg/kg p. o., 2 × tgl. über 5 Tage; 2,5 mg/ml Trinkwasser, über 5 Tage

Wirkstoff	Beispiele für Handelspräparate	Wirkung	Indikation
Micafungin	Mycamine (50 mg Pulver zur Herst. einer Inf.-Lsg. u. a.) Ⓗ (Astellas Pharma)	Antimykotikum, β-Glucansynthase-Inhibitor	a) systemische Candidose b) *Candida*-Keratitis
Miconazol	Surolan (23 mg + 0,5 mg Polymyxin-B-sulfat + 5 mg/ml Susp. Prednisolon) Ⓥ [Me] (Elanco Animal Health), Malaseb Shampoo (17,4 mg + 11,3 mg/ml Lsg. Chlorhexidin) Ⓥ (Albrecht, Selectavet), Miconazol (20 mg/g Creme) Ⓗ (acis u. a.) u. a.	Antimykotikum, Imidazol, Ergosterol-Inhibitor	Dermatomykosen (lokal)
Midazolam	Midazolam (1 mg/ml Inj.-Lsg. u. a.) Ⓗ (hameln plus, HEXAL, ratiopharm, Rotexmedica u. a.) u. a.	Ataraktikum	Anxiolyse, Antikonvulsion, Antiaggressivum, Epilepsie, Sedation, zentrale Muskelrelaxation; Anästhesie: Midazolam [MZ] in Kombination mit a) Buprenorphin [Bup] b) Butorphanol [But]

Midazolam + Ketamin s. Ketamin

Midazolam + Medetomidin + Butorphanol s. Medetomidin

Mögliche Nebenwirkungen, Besonderheiten	Kontraindikationen	Tierart, Dosierung
nicht bekannt	Überempfindlichkeit	**Kaninchen:** a) 0,25–2 mg/kg i.v., 1 × tgl. b) 0,5 ml einer 0,1%igen Lsg. subkonjunktival, 1 × tgl., über 3 Wo.
Durchfall, Erbrechen, allergische Reaktionen; i.v.: Thrombophlebitiden; *cave* bei steroidsensiblen Kaninchen (ggf. Hepatopathie)	intravenöse Injektion; **Vorsicht bei Kaninchen (steroidsensibel)**	**Chinchilla, Kaninchen, Maus:** topisch, 1 × tgl., über 2 Wo.
Sedation bei höheren Dosen	Aufhebung der Wirkung durch Flumazenil	**Chinchilla:** 0,4–2 mg/kg i.m. **Frettchen:** 0,3–1 mg/kg s.c., i.m.; 0,5–3 mg/kg i.m. b) [MZ] 0,2 mg/kg + [But] 0,2 mg/kg i.m. **Gerbil:** 2–3 mg/kg i.m. **Igel:** Prämedikation: 0,25–0,5 mg/kg i.m. a) [MZ] 0,25–0,5 mg/kg + [Bup] 0,03 mg/kg i.m. b) [MZ] 0,25–0,5 mg/kg + [But] 0,4 mg/kg i.m. **Kaninchen:** 0,5–2 mg/kg i.m., i.v., i.p. a) [MZ] 0,5 mg/kg + [Bup] 0,01–0,05 mg/kg s.c., i.m. b) [MZ] 0,1–0,5 mg/kg + [But] 0,3–0,5 mg/kg i.m.; [MZ] 0,5–1 mg/kg + [But] 0,2–0,5 mg/kg s.c., i.m. **Kleinnager:** Prämedikation: 1–2 mg/kg i.m. **Maus:** 5 mg/kg i.m., i.p. **Meerschwein:** 0,4–2 mg/kg i.m. **Ratte:** 2 mg/kg i.v.; 4–5 mg/kg i.m., i.p.

Wirkstoff	Beispiele für Handelspräparate	Wirkung	Indikation
Milbemycinoxim [M] (+ Lufenuron [L] bzw. + Praziquantel [P])	Milbemax (2,5 mg M + 25 mg P/Tabl., 4 mg M + 10 mg P/Tabl.) Ⓥ (Elanco Animal Health), Milpro (2,5 mg M + 25 mg P/Tabl., 4 mg M + 10 mg P/Tabl.) Ⓥ (Virbac), Program plus (5,75 mg M + 115 mg L/Tabl. u. a.) Ⓥ (Elanco Animal Health)	Endektozid, makrozyklisches Lakton	Herzwurmprophylaxe (Mikrofilarien), Befall mit Magen-Darm-Nematoden, Demodikose
Misoprostol	Cytotec (200 mg/Tabl.) Ⓗ (EurimPharm, Kohl Pharma)	Antazidum, Säuresekretionshemmer, Prostaglandin-E-Analogon	Gastritis, Magenulzera, Refluxösophagitis
Mitotane	Lysodren (500 mg/Tabl.) Ⓗ (HRA Pharma)	Zytostatikum, Enzyminhibitor	Hyperadrenokortizismus (Wirkung bei Frettchen umstritten, da selektiv zytotoxisch auf die Zellen der *Zonae fasciculata* und *reticularis* [Glukokortikoidsynthese])
Monensin	kein geeignetes veterinär- oder humanmedizinisches Arzneimittel in Deutschland verfügbar	Antikokzidium, Ionophor	Kokzidiose
Morphin (Abgabe und Verschreibung unterliegen dem BtMG)	Morphin (7,6 mg–15,2 mg/ml Inj.-Lsg. u. a.) Ⓗ (Merck Serono u. a.) u. a.	Opioid, starkes Analgetikum, Histaminliberator	starke Analgesie, Narkoseprämedikation

Mögliche Nebenwirkungen, Besonderheiten	Kontraindikationen	Tierart, Dosierung
gut verträglich; bisweilen Herzarrhythmie, ZNS-Symptome	Jungtiere; Herzinsuffizienz, besonders -arrhythmien	**Frettchen:** 1,15–2,33 mg/kg p. o., 1 ×/Mon.
vorübergehende Magenstörungen	Gravidität, Laktation	**Frettchen:** 1–5 µg/kg p. o., 3 × tgl.
gastrointestinale und/oder zentralnervöse Störungen, verlängerte Blutungszeit, Leukopenie, Hypercholesterinämie, erhöhte Leberenzymaktivitäten, in hohen Dosierungen iatrogener Morbus Addison möglich **Frettchen:** Anwendung nicht empfohlen	Niereninsuffizienz, dekompensierte Herzinsuffizienz, Trächtigkeit, Laktation	**Frettchen:** 50 mg/Tier p. o., 1 × tgl., über 7 Tage, danach alle 3 Tage **Hamster:** 5 mg/Tier p. o., 1 × tgl., über 4 Wo.
hemmt Wachstum grampositiver Bakterien (*cave* bei Herbivoren), bei Überdosierung: positive Chronotropie, erhöhte Blutglukosespiegel, beschleunigte Atmung, Ruhelosigkeit, Stehunvermögen	nicht unverdünnt anwenden	**Kaninchen:** 20–40 mg/kg Futter
Atemdepression, Nausea, Salivation, Erbrechen, Obstipation, Bronchospasmus, Bradykardie, Miosis	Schockgefahr, Atemdepression, Epilepsie	**Frettchen:** 0,2–5 mg/kg s. c., i. m., alle 2–6 Std.; Epiduralanästhesie: 0,1 mg/kg **Gerbil:** 2–5 mg/kg s. c., alle 2–4 Std. **Hamster:** 2–5 mg/kg s. c., alle 2–4 Std.

Wirkstoff	Beispiele für Handelspräparate	Wirkung	Indikation
→ Morphin (Abgabe und Verschreibung unterliegen dem BtMG)			
Moxidectin	Cydectin (1 mg/ml Lsg. u. a., 10 mg/ml Inj.-Lsg. u. a.) Ⓥ (Zoetis), Equest (18,9 mg/g Gel) Ⓥ (Zoetis) u. a.	Endektozid, makrozyklisches Lakton	Befall mit Magen-Darm-Nematoden, Ektoparasiten (*Psoroptes*, Haarlinge, auch Cheyletiellose, Demodikose), Ohrmilben, Filarien
Moxidectin + Imidacloprid s. Imidacloprid			
Moxifloxacin	Avalox (400 mg/Tabl., 1,6 mg/ml Inf.-Lsg.) Ⓗ (Bayer Vital), Vigamox (5 mg/ml Augentr.) Ⓗ (Novartis) u. a.	antibakterielles Chemotherapeutikum, Gyrasehemmer, Fluorchinolon, breites antibakterielles Spektrum, bakterizid	Infektionen durch grampositive oder -negative Bakterien (außer Anaerobier, nach Antibiogramm), insbesondere bakterielle Meningitis a) Konjunktivitis
Nalbuphin	Nalpain (10 mg/ml Inj.-Lsg.) Ⓗ (STRAGEN)	Analgetikum	kurzzeitige Analgesie

Mögliche Nebenwirkungen, Besonderheiten	Kontraindikationen	Tierart, Dosierung
		Kaninchen: 1,2–10 mg/kg s.c., i.m., alle 2–4 Std.; 0,1 mg/kg epidural (mit konservierungsmittelfreier NaCl-Lsg. verdünnen, absolutes Volumen ≤ 0,33 ml/kg) **Maus:** 2–5 mg/kg s.c., alle 2–4 Std. **Meerschwein:** 2–10 mg/kg s.c., i.m., alle 4 Std. **Ratte:** 2–5 mg/kg s.c., alle 2–4 Std.
lokaler Juckreiz (selten)	nicht bei Jungtieren im Wachstumsalter	**Hamster:** 0,4 mg/kg p.o., alle 7 Tage **Igel:** 0,3 mg/kg p o., s.c. Wdh. nach 10 Tagen; 4 mg/kg Spot-on **Kaninchen:** 0,2 mg/kg p.o., Wdh. nach 10 Tagen; 0,17 mg/kg s.c., 1 × tgl.
Pruritus, Urtikaria, Erbrechen, Dyspnoe, Anämie, Leukopenie, Allergie u.a.	Herzinsuffizienz, Hepatopathie, Wachstumsphase	**Kaninchen:** 40 mg/kg i.v., 1–2 × tgl.; a) topisch am Auge, 4 × tgl.
Apathie	Hepato-, Nephropathie	**Frettchen:** 0,5–1,5 mg/kg i.m., i.v., alle 2–3 Std. **Gerbil:** 4–8 mg/kg i.m., alle 3 Std. **Hamster:** 4–8 mg/kg i.m., alle 3 Std. **Kaninchen:** 1–2 mg/kg i.m., i.v., alle 4–5 Std. **Maus:** 4–8 mg/kg i.m., alle 3 Std.; 2–4 mg/kg i.m., alle 4 Std. **Meerschwein:** 1–2 mg/kg i.m., alle 3 Std. **Ratte:** 4–8 mg/kg i.m., alle 3 Std.; 1–2 mg/kg i.m., alle 3 Std.

Wirkstoff	Beispiele für Handelspräparate	Wirkung	Indikation
Naloxon	Naloxon (0,4 mg/ml Inj.-Lsg.) Ⓗ (Braun Melsungen, Actavis, hameln plus, Inresa, ratiopharm)	Opioidantagonist	Aufhebung der Opioidwirkung
Nandrolon	Nandrosol (25 mg/ml Inj.-Lsg.) Ⓥ (CP-Pharma)	Androgen, Anabolikum	chronische Organkrankheiten (Leber, Niere), Anämie bei chronischer Niereninsuffizienz, Appetitanregung
Naproxen	Naproxen (200 mg/Tabl.) Ⓗ (ratiopharm, Schwörer,) u. a.	nichtsteroidales Antiphlogistikum, schwaches Analgetikum	schmerzhafte Arthritis, Myositis (Schmerzbekämpfung)
Neomycin (als Sulfat)	Neomycin C70 G (700 mg/g Pulver) Ⓥ (Chevita) u. a., Neomycinsulfat (1000 mg/g Pulver) Ⓥ (bela-pharm, Dopharma, Konivet)	Aminoglykosid-Antibiotikum, breites Wirkungsspektrum, bakterizid	bakterielle Darminfektionen, hepatoenzephales Syndrom

Mögliche Nebenwirkungen, Besonderheiten	Kontraindikationen	Tierart, Dosierung
nicht bekannt	nicht bekannt	**Frettchen:** 0,01–0,04 mg/kg s.c., i.m., i.v. **Igel:** 0,1–0,16 mg/kg s.c., i.m. **Kaninchen:** 0,01–0,1 mg/kg i.m., i.v. **Kleinnager:** 0,01–0,1 mg/kg s.c., i.p.; 0,02 mg/kg/Std. Infusion i.v.
Zyklusstörungen, Laktationsstörung	Prostatahyperplasie, -tumoren, Gravidität	**Frettchen:** 1–5 mg/kg i.m., alle 7 Tage **Kaninchen:** 2 mg/kg s.c., i.m., alle 7 Tage
nicht bekannt bei exakter Dosierung	Läsionen der Darmschleimhaut bei Parasitosen, Ulzera, Erbrechen, Herz-, Leber-, Niereninsuffizienz, Hypertonie, Schilddrüsenkrankheiten	**Kaninchen:** 2,4 mg/ml Trinkwasser, über 21 Tage **Meerschwein:** 14,9 mg/kg p.o.
evtl. Störung des Gehörs, des Gleichgewichts, der Nierenfunktion, neuromuskuläre Blockade	resistente Erreger (BU!), Darmobstruktion, nicht mit potenziell nephrotoxischen Wirkstoffen verwenden	**Chinchilla:** 15 mg/kg p.o., 2 × tgl. **Frettchen:** 10–20 mg/kg p.o., 4 × tgl. **Gerbil:** 2,6 mg/ml Trinkwasser **Hamster:** 10–15 mg/kg p.o., 2–4 × tgl.; proliferative Ileitis: 0,5 mg/ml Trinkwasser **Kaninchen:** 30 mg/kg p.o., 2 × tgl.; 0,2–0,8 mg/ml Trinkwasser **Maus:** 25 mg/kg p.o., 2 × tgl.; 2–2,6 mg/ml Trinkwasser, über 5 Tage **Meerschwein:** 15 mg/kg p.o., 2 × tgl. **Ratte:** 25 mg/kg p.o., 2 × tgl.; 2–2,6 mg/ml Trinkwasser

Wirkstoff	Beispiele für Handelspräparate	Wirkung	Indikation
Netilmicin	kein veterinär- oder humanmedizinisches Arzneimittel in Deutschland verfügbar	Aminoglykosid-Antibiotikum, breites Wirkungsspektrum, bakterizid	bakterielle Infektionen durch z. B. Staphylokokken, *Pseudomonas*
Niclosamid	Yomesan (500 mg/Kautabl.) Ⓗ (Bayer Vital)	Anthelmintikum	Zestodenbefall
Nitenpyram	Capstar (11,4 mg/-57 mg/Tabl.) Ⓥ (Elanco Animal Health)	Ektoparasitikum, Neonicotinoid, Insektizid	Flohbefall
Nitroglycerin (Glyceroltrinitrat)	Rectogesic (4 mg/g Salbe) Ⓗ (Kyowa Kirin)	Koronartherapeutikum, Vasodilatator	Blutdrucksenkung, Hypertonie, akute Linksherzinsuffizienz
Nitroscanat	Großbritannien: Troscan (100 mg/Tabl. u. a.) Ⓥ (Chanelle Animal Health Ltd.)	Anthelminthikum	Befall mit Taenien, Dipylidien, Echinokokken

Mögliche Nebenwirkungen, Besonderheiten	Kontraindikationen	Tierart, Dosierung
rasche Resistenzentwicklung, nephrotoxisch	Resistenz (BU!)	**Chinchilla:** 15 mg/kg p.o., 1 × tgl.; 6–8 mg/kg s.c., i.m., i.v., 1–3 × tgl. **Frettchen:** 6–8 mg/kg s.c., i.m., i.v., 1 × tgl. **Kaninchen:** 6–8 mg/kg s.c., i.m., i.v.,1 × tgl. (i.v.-Gabe: verdünnen und über 20 min verabreichen) **Meerschwein:** 6–8 mg/kg s.c., i.m., i.v., 1–3 × tgl.
selten Erbrechen	nicht bekannt	**Chinchilla:** 200 mg/kg p.o., Wdh. nach 1–2 Wo. **Gerbil:** 100 mg/kg p.o., Wdh. nach 7 Tagen **Hamster:** 100 mg/kg p.o.; 1 mg/kg Futter p.o. **Maus:** 100 mg/kg p.o., Wdh. nach 7 Tagen **Meerschwein:** 100 mg/kg p.o., Wdh. nach 7 Tagen
nicht bekannt	nicht bekannt	**Gerbil:** 1 mg/kg p.o., 1 × **Hamster:** 1 mg/kg p.o., 1 × **Igel:** 2,85 mg/Tier (Igel < 500g) p.o., 1 ×; 5,7 mg/Tier (Igel > 500 g) p.o., 1 × **Maus:** 1 mg/kg p.o., 1 × **Ratte:** 1 mg/kg p.o., 1 ×
selten Erbrechen , Blutdruckabfall, Apathie	hochgradige Hypotonie, toxisches Lungenödem, akutes Kreislaufversagen	**Frettchen:** 0,8–1,6 cm Salbenstrang/Tier, 1–2 × tgl. auf rasiertem inneren Oberschenkel oder Ohrmuschel auftragen **Kleinnager** (die meisten Arten): 3 mm Salbenstrang (2%ig)/Tier, 2–4 × tgl. auf innere Ohrmuschel auftragen
geringe enterale Resorption, Anorexie, Erbrechen, Durchfall	Gravidität, Hepatopathien	**Maus:** 50 mg/kg p.o., über 5 Tage

Wirkstoff	Beispiele für Handelspräparate	Wirkung	Indikation
Nystatin	Nystatin (100.000 I. E./ml Susp.) Ⓥ F K Kln Me (Albrecht), RodiCare Nystatin (100.000 I. E./g Pulver) Ⓥ K Kln Me (alfavet)	Antimykotikum	Dermatomykosen, Candidiasis, Kryptokokkose, Histoplasmose, Penicilliummykose, Blastomykose, Aspergillose, Mucor, Kokzidioidomykose
Octreotid	Octreotid (0,05 mg/Ampulle) Ⓗ (Hexal) u. a.	Somatostatinanalogon	Insulinom
Ofloxacin	Ofloxacin (100 mg/Tabl. u. a.) Ⓗ (ALIUD PHARMA, ratiopharm u. a.)	Gyrasehemmer, Fluorchinolon, breites antibakterielles Spektrum, bakterizid	Infektionen durch grampositive oder -negative Bakterien (außer Anaerobier, nach Antibiogramm), v. a. der Haut, der Harnwege, des Respirationstrakts
Omeprazol	GastroGard (370 mg/g Paste) Ⓥ (Merial), Pepticure (370 mg/g Paste) Ⓥ (Bayer Vital), Antra (10 mg/Tabl. u. a.) Ⓗ (AstraZeneca) u. a.	Antazidum, Säuresekretionshemmung (Hemmung der Protonenpumpe)	a) Gastritis, Magenulzera, Refluxösophagitis, akute Pankreatitis b) *Helicobacter*-Infektion
Ondansetron	Zofram (0,8 g/ml Lsg., 4 mg/Tabl. u. a.) Ⓗ (Novartis), Ondansetron (4 mg/Tabl.) Ⓗ (Hexal) u. a.	Antiemetikum, 5-Hydroxytryptamin (5-HT)-Antagonisten, Serotoninantagonist	Erbrechen
Oseltamivir	Tamiflu (6 mg/ml Trockensaft) Ⓗ (Roche)	Neuraminidasehemmer	Influenza

Mögliche Nebenwirkungen, Besonderheiten	Kontraindikationen	Tierart, Dosierung
Anorexie, Erbrechen, Durchfall	erwiesene Überempfindlichkeit gegen Nystatin-Vorbehandlung	**Chinchilla:** 100.000 I. E./kg p. o., 2–3 × tgl., über 10–14 Tage **Frettchen:** 100.000 I. E./kg p. o., 2 × tgl., über 14 Tage **Igel:** 30.000 I. E./kg p. o., 1–3 × tgl. **Kaninchen:** 100.000 I. E./kg p. o., 2 × tgl., über 10–14 Tage **Kleinnager:** 100.000 I. E./kg p. o., 2 × tgl., über 14 Tage **Meerschwein:** 100.000 I. E./kg p. o., 2–3 × tgl., über 14 Tage
Anorexie, Magen-Darm-Störungen, Gallenwegsstörungen	nicht bekannt	**Frettchen:** 1–2 µg/kg s. c., 2–3 × tgl.
gastrointestinale Störungen, evtl. Polydipsie, bei langer oder hoher Dosierung Nierenepithelschäden, chondrotoxischer Effekt; Allergie	Knorpelschäden: Wachstumsalter, Gravidität, Säugezeit; Nierenfunktionsstörungen	**Kaninchen:** 20 mg/kg s. c., 3 × tgl.
nicht bekannt	stark eingeschränkte Nieren- und Leberfunktion; keine Langzeitbehandlung	a) alle: 0,5–0,7 mg/kg p. o., 1 × tgl. **Kaninchen:** 20 mg/kg s. c., 2 × tgl. b) **Frettchen:** 4 mg/kg p. o., 1 × tgl.
Verstopfung, Sedation, extrapyramidale Störungen, Arrhythmie, Hypotension	nicht bekannt	**Frettchen:** 1 mg/kg p. o., 1 × tgl.
nicht bekannt	nicht bekannt	**Frettchen:** 5–10 mg/kg p. o., 2 × tgl., über 10 Tage

Wirkstoff	Beispiele für Handelspräparate	Wirkung	Indikation
Oxymorphon (BtMG, nur als ausgenommene Zubereitung verkehrsfähig)	kein veterinär- oder humanmedizinisches Arzneimittel in Deutschland verfügbar	starkes Analgetikum, Morphintyp	Analgesie
Oxytetracyclin	als Dihydrat: Baxyl LA (200 mg/ml Inj.-Lsg.) Ⓥ (bela-pharm, CP-Pharma, Veyx-Pharma, WDT) u. a. als Hydrochlorid: Engemycin (23,15 mg/ml Spray) Ⓥ (Intervet), Oxytetracyclinhydrochlorid (50 mg/ml Inj.-Lsg.) Ⓥ (Bremer Pharma), Ursocyclin (100 mg/ml Inj.-Lsg., 200 mg/g Pulver) Ⓥ (Serumwerk Bernburg, MEDISTAR) u. a.	Tetracyclin-Antibiotikum, bakteriostatisches Breitspektrumantibiotikum	Infektionen durch grampositive oder -negative Bakterien, Rickettsien, Chlamydien, Mykoplasmen (nach Antibiogramm)

Mögliche Nebenwirkungen, Besonderheiten	Kontraindikationen	Tierart, Dosierung
nicht bekannt	nicht bekannt	**Frettchen:** 0,05–0,2 mg/kg s.c., i.m., i.v., 2–3 × tgl. **Kaninchen:** 0,05–0,2 mg/kg s.c., i.m., 2–3 × tgl.; 0,2 mg/kg s.c., i.m., i.v., alle 2–4 Std. **Gerbil, Hamster, Maus, Meerschwein, Ratte:** 0,2–0,5 mg/kg s.c., i.m., 2–4 × tgl.
Erbrechen, Durchfall, Leberschädigung	Resistenz gegenüber Tetracyclinen (BU!); schwere Leber- oder Nierenfunktionsstörung, **bei Meerschwein evtl. toxisch**	**Chinchilla:** 15 mg/kg i.m., 2 × tgl.; 50 mg/kg p.o., 2 × tgl.; 100 mg/kg s.c., 1 × tgl.; 3 mg/ml Trinkwasser **Frettchen:** 20 mg/kg p.o., 3 × tgl.; 10 mg/kg i.m., 2 × tgl. **Gerbil:** 10 mg/kg p.o., 3 × tgl.; 100 mg/kg s.c., 1 × tgl.; 20–25 mg/kg i.m., 2–3 × tgl.; 0,25–1 mg/ml Trinkwasser **Hamster:** 16 mg/kg s.c., 1 × tgl.; 20–25 mg/kg i.m., 2–3 × tgl.; 0,25–1 mg/ml Trinkwasser **Igel:** 25–50 mg/kg p.o., 1 × tgl., über 5–7 Tage; topisch am Auge 2–3 × tgl. **Kaninchen:** 50 mg/kg p.o., 2 × tgl.; 25 mg/kg s.c., 1 × tgl.; 15 mg/kg i.m., 3 × tgl.; 1 mg/ml Trinkwasser **Maus:** 10–20 mg/kg p.o., 3 × tgl.; 100 mg/kg s.c., 1 × tgl.; 0,25–1 mg/ml Trinkwasser **Meerschwein:** 5 mg/kg i.m., 2 × tgl.; 50 mg/kg p.o., 2 × tgl.; 100 mg/kg s.c., 1 × tgl.; 3 mg/ml Trinkwasser **Ratte:** 10–20 mg/kg p.o., 3 × tgl.; 100 mg/kg s.c., 1 × tgl.; 0,25–1 mg/ml Trinkwasser

Wirkstoff	Beispiele für Handelspräparate	Wirkung	Indikation
Oxytocin	Oxytocin (10 I. E./ml Inj.-Lsg.) Ⓥ (Albrecht, aniMedica, bela-pharm, Bremer Pharma, CP-Pharma, Kon-Pharma, MEDISTAR, Pharma-Partner, Serumwerk Bernburg, Vétoquinol-Chassot, Veyx-Pharma, WDT) u. a.	Peptidhormon (Bildung: Hypothalamus; Speicherung, Ausschüttung: Hypophysenhinterlappen	Uterusatonie, -involution, Geburtsverzögerung, Laktationsstörung
Pankreatin (Pankreaspulver)	Kreon (150 mg Pulver/Hartkapsel, 601 mg/g msr. Pellets) Ⓗ (Mylan Health) u. a.	Verdauungsferment	chronische exokrine Pankreasinsuffizienz
Paracetamol (Acetaminophen)	Pracetam (200 mg/g Pulver, 200 mg/ml Lsg.) Ⓥ (CEVA) u. a.	Hemmstoff der Prostaglandinsynthese, schwaches Analgetikum, Antipyretikum, geringe antiphlogistische Eigenschaften	leichtere, nicht entzündliche Schmerzzustände
Paraffinum sub-, perliquidum	Paraffinum perliquidum (1000 mg/mg Lsg.) Ⓥ (Albrecht, WDT)	Gleitmittel, Laxans	Obstipation, Intoxikation mit fettlöslichen Giftstoffen
Pectin (Pektin) (+ Kaolin)	Diarrhoesan (32 mg + 25 mg Kamillenblütenfluidextrakt/g Flüssigkeit) Ⓗ (Loges)	Mucilaginosum, Substrat für Propriobakterien	a) Adsorbens b) Regeneration der Darmflora

Mögliche Nebenwirkungen, Besonderheiten	Kontraindikationen	Tierart, Dosierung
Uterushyperkontraktilität, -ruptur	Geburtshindernisse (nicht geöffnete Zervix), Lageanomalie, Krampfwehen	**Chinchilla:** 0,2–3 I. E./kg s.c., i.m., i.v. **Frettchen:** 0,2–3 I. E./kg s.c., i.m.; 5–10 I. E./Tier i.m. **Gerbil:** 0,2–3 I. E./kg s.c., i.m., i.v. **Hamster:** 0,2–3 I. E./kg s.c., i.m., i.v. **Kaninchen:** 0,1–3 I. E./kg s.c., i.m. **Maus:** 0,2–3 I.E./kg s.c., i.m., i.v.; Laktationsstörung: 6,25 I. E./kg s.c. **Meerschwein:** 0,2–3 I. E./kg s.c., i.m., i.v. **Ratte:** 0,2–3 I. E./kg s.c., i.m., i.v.
allergische Reaktionen (?)	akute Pankreatitis	**Kaninchen:** 1 Teelöffel Granulat mit 3 Teelöffeln Joghurt vermischen, 15 min stehen lassen, dann 2–3 ml p.o. applizieren, 2 × tgl.
Methämoglobinämie, Anämie, Ikterus, Tachykardie	Jungtier	**Hamster:** 200 mg/kg p.o., i.p., 1 × tgl. **Kaninchen:** 200–500 mg/kg p.o., 1 × tgl. **Maus:** 200–300 mg/kg p.o., 2 × tgl. **Meerschwein:** 1 2 mg/ml Trink wasser **Ratte:** 110–300 mg/kg p.o., 2 × tgl.
Durchfall, Malabsorption, Wasser-, Elektrolytverluste; Ablagerung in regionalen Mesenteriallymphknoten	Ileus, Erbrechen; *cave* Aspiration	**Frettchen:** 2–4 ml/Tier p.o., alle 3 Std., maximal 4 × **Kaninchen:** 1–2 ml/kg p.o.
Wirksamkeit umstritten	nicht bekannt	a) 4,5 g Pektin + 20 g Kaolin auf 100 ml Wasser, davon: **alle:** 1–2 ml/kg p.o., 4–6 × tgl. **Meerschwein:** 0,2 ml p.o., 3–4 × tgl. b) 1 Messerspitze/Futterbrei

Wirkstoff	Beispiele für Handelspräparate	Wirkung	Indikation
Penicillamin, D- Penicillamin	Metacaptase (150 mg/Tabl.) Ⓗ (Heyl)	Chelatbildner	Kupfervergiftung
Penicillin s. Ampicillin, Amoxicillin, Benzylpenicillin (Penicillin G)			
Pentamidinisethionat	Pentacarinat (300 mg Trockensubstanz Durchstechfl.) Ⓗ (Sanofi-Aventis)	Antiprotozoikum	Pneumocystis-Pneumonie
Pentazocin (Abgabe und Verschreibung unterliegen dem BtMG)	kein veterinär- oder humanmedizinisches Arzneimittel in Deutschland verfügbar	μ-Antagonist/ κ-Agonist, Analgetikum	mittelgradige Schmerzzustände

Mögliche Nebenwirkungen, Besonderheiten	Kontraindikationen	Tierart, Dosierung
Knochenmarkschädigung, allergische Hautreaktionen, Magen-Darm-Störungen, Immunkomplexnephritis	Penicillinallergie, Nierenschädigung, Knochenmarkschäden, systemischer Lupus erythematodes, Leberparenchymschäden; ; **nicht bei Meerschwein, Chinchilla, Hamster anwenden, bei Kaninchen mit Vorsicht**, nicht p. o. (Enteritis, Enterotoxämie)	**Frettchen:** 10 mg/kg p. o., 1 × tgl.
nicht bekannt	nicht bekannt	**Frettchen:** 3–4 g/kg s. c. alle 48 Std.
Pruritus, Atemdepression, Miosis, Erbrechen, Obstipation, Hypotonie, Bradykardie	Hypotonie, Hypovolämie, Ileus, Enteritis, Gallenwegskrankheiten, Pankreatitis, Myxödem, Phäochromozytom	**Frettchen:** 5–10 mg/kg s. c., i. m., alle 4 Std. **Hamster:** 5–10 mg/kg s. c., alle 2–4 Std. **Gerbil:** 5–10 mg/kg s. c., alle 2–4 Std. **Kaninchen:** 5–10 mg/kg i. m., i. v., alle 2–4 Std. **Maus:** 5–10 mg/kg s. c., alle 2–4 Std. **Meerschwein:** 5–10 mg/kg s. c., alle 2–4 Std. **Ratte:** 5–10 mg/kg s. c., alle 2–4 Std.

Wirkstoff	Beispiele für Handelspräparate	Wirkung	Indikation
Pentobarbital (als Natrium) (BtM-Regelung: nur für den Praxisbedarf, keine Abgabe an Tierhalter)	a) Narcoren (160 mg/ml Inj.-Lsg.) Ⓥ H K Ma Me R (Merial), Narkodorm (182,3 mg/ml Inj.-Lsg.) Ⓥ H K Me (CP-Pharma) b) Euthadorm (400 mg/ml Inj.-Lsg. u. a.) Ⓥ H K Ma Me R (CP-Pharma), Release (300 mg/ml Inj.-Lsg. u. a.) Ⓥ H K Ma Me R (WDT) u. a.	Barbiturat, Narkotikum, Hypnotikum	a) Sedation, Narkose b) Euthanasie
Pentoxifyllin	Pentoxifyllin (400 mg/Tabl.) Ⓗ (ratiopharm) u. a.	Vasodilatator	Ischämie, verbessert die Perfusion durch Erhöhung der Erythrozytenplastizität
Permethrin	Defencare (10 mg/ml Shampoo) Ⓥ (Virbac), Exspot (715 mg/ml Lsg.) Ⓥ (Intervet) u. a.	Ektoparasitikum, Pyrethroid, Repellent	Bekämpfung und Prophylaxe von Floh- und Zeckenbefall
Permethrin + Imidacloprid s. Imidacloprid			
Pethidin (Meperidin) (Abgabe und Verschreibung unterliegen dem BtMG)	Dolantin (50 mg/ml Lsg., 50 mg/ml Inj.-Lsg.) Ⓗ (Sanofi-Aventis) u. a.	Opioid, Betäubungsmittel	kurzfristige Analgesie mit Spasmolyse

Mögliche Nebenwirkungen, Besonderheiten	Kontraindikationen	Tierart, Dosierung
geringe Hypotonie, Tachykardie; Atemdepression (Intubation!)	Operationen im Bereich der oberen Luftwege, Störungen der Leber- oder Nierenfunktion	a) **alle:** Sedation: 1–2 mg/kg i.v.; 2–5 mg/kg p.o. Narkose: **Kln:** verdünnt mit steriler Kochsalzlsg. (<10 mg/ml) verabreichen b) **alle:** 200–800 mg/kg i.v., i.p. **Chinchilla:** 35–40 mg/kg i.p. **Frettchen:** 30–50 mg/kg i.p. **Gerbil:** 50–90 mg/kg i.p. **Hamster:** 50–90 mg/kg i.p. **Igel:** 300–800 mg/kg i.p., i.v. **Kaninchen:** 20–45 mg/kg i.v., i.p. **Maus:** 50–90 mg/kg i.p. **Meerschwein:** 30–45 mg/kg i.p. **Ratte:** 30–45 mg/kg i.p.
Magen-Darm-Störungen, ZNS-Störungen	Xanthinunveträglichkeit, Hirnblutung, Netzhautblutung	**Frettchen:** 20 mg/kg p.o., 2 × tgl.
Hautreizung, Pruritus	Jungtiere, kranke Tiere	**Kleinnager:** 0,25% im Käfigstaub **Igel:** 1%ige Lsg. fein topisch auf der Haut aufsprühen
schwache und kurze Wirkung	nicht bekannt	**Chinchilla:** 1–2 mg/kg s.c., i.m. **Frettchen:** 5–10 mg/kg s.c., i.m., i.v., alle 2–4 Std. **Hamster:** 20 mg/kg s.c., i.m., alle 2–3 Std. **Gerbil:** 20 mg/kg s.c., i.m., alle 2–3 Std.. **Kaninchen:** 5–10 mg/kg s.c., i.m., i.v., i.p., alle 2–3 Std.; 0,2 mg/ml Trinkwasser **Maus:** 10–20 mg/kg s.c., i.m., alle 2–3 Std. **Meerschwein:** 10–20 mg/kg s.c., i.m., alle 2–3 Std. **Ratte:** 10–20 mg/kg s.c., i.m., alle 2–3 Std.

Wirkstoff	Beispiele für Handelspräparate	Wirkung	Indikation
Phenobarbital (BtMG, alle Handelspräparate sind ausgenommene Zubereitungen)	Luminaletten vet. (15 mg/Tabl. u. a.) Ⓥ (Virbac), Phenoleptil (25 mg/Tabl. u. a.) Ⓥ (CP-Pharma) u. a.	Sedativum, Hypnotikum, Antiepileptikum, Barbiturat	Epilepsie, Krampfanfälle
Phenoxybenzamin	Dibenzyran (10 mg/Kapsel) Ⓗ (Aristo Pharma)	α-Adrenolytikum	a) Spasmus des Sphincter urethrae b) Urolithiasis
Phenylbutazon	Arthrisel (200 mg/Tabl.) Ⓥ (Selectavet), Butasan (320 mg/ml Susp.) Ⓥ (Selectavet, Vétoquinol), Equipalazone (650 mg/g Pulver) Ⓥ (Albrecht), Hippopalazon (100 mg/ml Gel) Ⓥ (aristavet), Phenylbutazon (200 mg/ml Inj.-Lsg.) Ⓥ (CP-Pharma, MEDISTAR, Serumwerk Bernburg) u. a.	nichtsteroidales Antiphlogistikum, schwaches Analgetikum, Pyrazolidin, Pyrazolon	Entzündungen des Bewegungsapparats
Phenylephrin	Biorphen (10 mg/ml Inj.-Lsg.) Ⓗ (Sintetica), Neosynephrin (50 mg/ml Augentr. u. a.) Ⓗ (Ursapharm)	α-Sympathomimetikum, Mydriatikum	a) Hyperämie der Konjunktiven, abakterielle und allergische Konjunktivitis, Rhinitis b) Mydriasis
Phoxim	Sebacil (75 mg/ml Pour-on, 500 mg/ml Konz. zur Herst. einer Sprüh- und Waschemulsion) Ⓥ (Bayer Vital)	Ektoparasitikum, Akarizid, Insektizid, Organophosphat	Ektoparasitenbefall mit Flöhen und Zecken
Pimobendan	Cardisure (1,25 mg/Tabl. Ⓥ (Albrecht), Vetmedin (1,25 mg/Kapseln u. a., 1,25 mg/Kautabl. u. a.) Ⓥ (Boehringer Ingelheim)	Inotropikum, Vasodilatator	dilatative Kardiomyopathie, Herzklappeninsuffizienz

Mögliche Nebenwirkungen, Besonderheiten	Kontraindikationen	Tierart, Dosierung
anfangs Apathie, Ataxie, Nachhandschwäche, Polydipsie, Polyphagie; bei Langzeitbehandlung nicht abrupt absetzen!	Störungen der Nierenfunktion, Polydipsie	**Frettchen:** 1–2 mg/kg p.o., 2–3 × tgl.; 2–10 mg/kg/h i.v., DTI **Gerbil:** 10–20 mg/kg p.o. **Meerschwein:** 5–20 mg/kg p.o., i.v., i.p.; 5–25 mg/kg i.v., i.p., 1–2 × tgl.
Erbrechen, Durchfall, Tachykardie, Miosis	unerwünschte Hypotonie	**Frettchen:** a) 3,75–7,5 mg/Tier p.o., alle 1–3 Tage **Meerschwein:** b) 0,25 mg/kg p.o., 2 × tgl.
Blutbildveränderungen (Leukopenie, Thrombozytopenie), gastrointestinale Blutungen, Anorexie, Erbrechen, Durchfall, Teerstuhl, Verringerung der glomerulären Filtration, Hemmung der thyreoidalen Iodaufnahme	Läsionen der Darmschleimhaut bei Parasitosen, Ulzera, Erbrechen, Herz-, Leber-, Niereninsuffizienz, Hypertonie, Schilddrüsenkrankheiten	**Maus:** 30 mg/kg p.o. **Meerschwein:** 40 mg/kg p.o. **Ratte:** 50–100 mg/kg s.c.; 20 mg/kg p.o.
reaktive Hyperämie	Engwinkelglaukom	a) **alle:** 1–3 µg/kg/min i.v. b) **Kaninchen:** topisch (10 %) am Auge
nicht bekannt	geschwächte, junge oder zu leichte Igel	**Chinchilla:** 0,05 %ige Badelsg., Badebehandl. **Igel:** 0,05-0,1 %ige Lsg., Badebehandl., 1 ×; Spraybehandl. **Meerschwein:** 0,1 % Badelsg., Badebehandl.
Überdosis: Tachykardie, Hyperglykämie, Erbrechen	hypertrophe Kardiomyopathie, hochgradige Hepatopathie	**Frettchen:** 0,25–1,25 mg/kg p.o., 2 × tgl. **Igel:** 0,3 mg/kg p.o., 2 × tgl. **Kaninchen:** 0,1–0,3 mg/kg p.o., 1–2 × tgl. **Kleinnager** (die meisten Arten): 0,2–0,4 mg/kg p.o., 2 × tgl.

Wirkstoff	Beispiele für Handelspräparate	Wirkung	Indikation
Piperacillin	Piperacillin (1 g Lyophilisat zur Herst. einer Inj.-Lsg. bzw. Inf.-Lsg. u. a.) Ⓗ (Eberth)	β-Lactamantibiotikum, Acylaminopenicillin, bakterizides Breitspektrumantibiotikum	Infektionen durch grampositive oder -negative Bakterien (nach Antibiogramm)
Piperazin (als Citrat)	Piperazincitrat (1000 mg/g Pulver) Ⓥ (bela-pharm)	Anthelminthikum	Befall mit Askariden, Oxyuren

Piperonylbutoxid + Pyrethrum s. Pyrethrum

Wirkstoff	Beispiele für Handelspräparate	Wirkung	Indikation
Piroxicam	Piroxicam (10 mg/Tabl. u. a., 20 mg/ml Inj.-Lsg.) Ⓗ (HEXAL, STADApharm u. a.) u. a.	nichtsteroidales Antiphlogistikum, schwaches Analgetikum	schmerzhafte Entzündungen, postoperative Schmerzlinderung

PMSG (Pregnant Mare's Serum Gonadotropin) s. Gonadotropin, ECG

Mögliche Nebenwirkungen, Besonderheiten	Kontraindikationen	Tierart, Dosierung
sehr gut verträglich, selten Überempfindlichkeit	Resistenz gegen Piperacillin; **nicht bei Meerschwein, Chinchilla, Hamster anwenden, bei Kaninchen mit Vorsicht**, nicht p. o. (Enteritis, Enterotoxämie)	**Igel:** 10 mg/kg s. c., 2–3 × tgl.
nicht bekannt	Hepato-, Nephropathie	**Chinchilla:** 100 mg/kg p. o., 1 × tgl., über 2 (–7) Tage; 2–5 mg/ml Trinkwasser, über 7 Tage, Wdh. nach 1 Wo. **Frettchen:** 50–100 mg/kg p. o., Wdh. nach 2 Wo. **Gerbil:** 2–5 mg/ml Trinkwasser, über 7 Tage, Wdh. nach 1 Wo. **Hamster:** 100–300 mg/kg p. o., 2–10 mg/ml Trinkwasser, über 7 Tage, Wdh. nach 1 Wo. **Kaninchen:** 100–500 (–750 [Jungtiere]) mg/kg p. o., 1 × tgl., über 2 Tage, ggf. Wdh. nach 2–3 Wo.; 2–5 mg/ml Trinkwasser, über 7 Tage **Maus:** 2–5 mg/ml Trinkwasser, über 7 Tage, Wdh. nach 1 Wo. **Meerschwein:** 2–10 mg/ml Trinkwasser, über 7 Tage, Wdh. nach 1 Wo. **Ratte:** 2–5 mg/ml Trinkwasser, über 7 Tage, Wdh. nach 1 Wo.
s. Phenylbutazon	s. Phenylbutazon	**Kaninchen:** 0,2 mg/kg p. o., 3 × tgl. **Maus:** 3–20 mg/kg p. o. **Meerschwein:** 5,7 mg/kg p. o. **Ratte:** 3 mg/kg p. o.

Wirkstoff	Beispiele für Handelspräparate	Wirkung	Indikation
polysulfatiertes Glykosaminoglykan	kein veterinär- oder humanmedizinisches Arzneimittel in Deutschland verfügbar	Chondroprotektivum, Heparinoid, Mukopolysaccharid	Knorpelheilung, chronische aseptische Arthritis/Arthrose
Posaconazol	Noxafil (40 mg/ml Susp., 100 mg/Tabl. u. a.) Ⓗ (MSD Sharp & Dome)	Antimykotikum, Triazol, Ergosterol-Inhibitor	systemische Mykosen (Aspergillose)
Praziquantel	Anipracid (50 mg/Tabl., 56,8 mg/ml Inj.-Lsg.) Ⓥ (aniMedica), Droncit (50 mg/Tabl., 90 mg/g Gel, 40 mg/ml Lsg.) Ⓥ (Bayer Vital) u. a.	Anthelminthikum gegen Zestoden	Befall mit Taenien, Dipylidien, Zestoden, *Mesocestoides*, Echinokokken
Praziquantel + Emodepsid s. Emodepsid			
Praziquantel + Febantel + Pyrantel s. Febantel			
Praziquantel + Milbemycinoxim s. Milbemycinoxim			

Mögliche Nebenwirkungen, Besonderheiten	Kontraindikationen	Tierart, Dosierung
Arthritis, Störung der Leber- und Pankreasfunktion	akute Arthritis, Gravidität, Laktation	**Kaninchen:** 2,2 mg/kg s. c., i. m., alle 3 Tage, über 3–4 Wo., anschließend 14-tägig
nicht bekannt	nicht bekannt	**Kaninchen:** 6–20 mg/kg p. o. 1 × tgl.
sehr geringe Toxizität, gut verträglich, selten Erbrechen	nicht bekannt	**Chinchilla:** 6–10 mg/kg p. o., s. c., Wdh. nach 10 Tagen **Frettchen:** 5–10 mg/kg p. o., s. c., Wdh. nach 10–14 Tagen **Gerbil:** 6–10 mg/kg p. o., s. c., Wdh. nach 10 Tagen; 30 mg/kg p. o., 14-tägig, 3 Behandl. **Hamster:** 6–10 mg/kg p. o., s. c., i. m., Wdh. nach 10 Tagen **Igel:** 7 mg/kg p. o., s. c., Wdh. nach 14 Tagen; 17–28 mg/kg s. c., 1 ×; 12,5 mg/Tier (Igel < 500 g) p. o., 1 ×; 25 mg/Tier (Igel > 500 g) p. o., 1 × **Kaninchen:** 5–10 mg/kg p. o., s. c., i. m., Wdh. nach 10 Tagen **Maus:** 6–10 mg/kg p. o., s. c., Wdh. nach 10 Tagen; 30 mg/kg p. o., 14-tägig, 3 Behandl.; 140 mg/kg Futter, über 7 Tage **Meerschwein:** 6–10 mg/kg p. o., s. c., Wdh. nach 10 Tagen **Ratte:** 6–10 mg/kg p. o., s. c., Wdh. nach 10 Tagen; 30 mg/kg p. o., 14-tägig, 3 Behandl.

Wirkstoff	Beispiele für Handelspräparate	Wirkung	Indikation
Prazosin	kein veterinär- oder humanmedizinisches Arzneimittel in Deutschland verfügbar	α_1-Adrenolytikum, Blutdrucksenkung	Hypertonie, Vor- und Nachlastsenkung, hypertrophe oder dilatative Kardiomyopathie
Prednisolon	Prednisolon (5 mg/Tabl. u. a.) Ⓥ (aniMedica, CP-Pharma), Prednisolonacetat (10 mg/ml Inj.-Susp.) Ⓥ (bela-pharm) u. a.	Glukokortikoid, Steroid, Antiphlogistikum	a) Allergie, nichtinfektiöse Entzündung, Lymphome, lymphatische Leukämie, Hyperkalzämie, Autoimmunkrankheiten b) allergischer Schock
Prednison, s. auch Prednisolon	Decortin (5 mg/Tabl.) Ⓗ (Merck Serono) u. a.	Glukokortikoid, Steroid, Antiphlogistikum	Frettchen: Insulinom, eosinophile Gastritis, s. auch Prednisolon

Mögliche Nebenwirkungen, Besonderheiten	Kontraindikationen	Tierart, Dosierung
keine Tachykardie, selten andere Nebenwirkungen wie: Erbrechen, Durchfall, Obstipation, Lethargie, Hypotension	chronische Nierenkrankheiten, Hypotension	**Frettchen:** 0,05–0,1 mg/kg p. o., 3 × tgl.
HVL-NNR-Suppression, Hypertonie, Polydipsie, Polyphagie, Thromboseneigung, Lymphopenie, Polyurie, Hyperglykämie, diabetogen, Immunsuppression (erhöhtes Infektionsrisiko), verzögerte Wundheilung, Hautatrophie, Haarausfall, Magen-Darm-Ulzera, bei Kaninchen ggf. Hepatopathien	Immunschwäche; virale, bakterielle, mykotische Infektionskrankheiten; Magen-Darm-Ulzera, Hypokalzämie, Osteoporose, Diabetes mellitus; **Kaninchen:** kortikosteroidsensitive Spezies = Anwendung nur unter äußerster Vorsicht	**Chinchilla:** 0,5–2 mg/kg s. c., i. m., 1–2 × tgl. **Frettchen:** 0,5–2 mg/kg p. o., 1–2 × tgl.; vor Bluttransfusion: 22 mg/kg langsam i. v. **Gerbil:** 0,5–2 mg/kg s. c., i. m., 1–2 × tgl. **Hamster:** 0,5–2 mg/kg s. c., i. m., 1–2 × tgl. **Igel:** a) 0,5–1 mg/kg s. c., 1 × tgl., über max. 3 Tage; 2,5 mg/kg p. o., s. c., i. m., 2 × tgl. **Kaninchen:** 0,5–2 mg/kg p. o., 2 × tgl.; Augentr. 1% (10 mg/ml): topisch am Auge, 4 × tgl. **Kleinnager** (die meisten Arten): b) 10–20 mg/kg i. v., i. m., i. p., 1 × **Maus:** 0,5–2 mg/kg s. c., i. m., 1 × tgl. **Meerschwein:** 0,5–2 mg/kg p. o., s. c., i. m., 1–2 × tgl. **Ratte:** 0,5–2 (–10) mg/kg p. o., s. c., i. m., 1 × tgl.; 10 mg/kg p. o., 2 × tgl., Wdh. nach 1–2 Wo.
s. Prednisolon	s. Prednisolon	**Frettchen:** 0,5–2,5 mg/kg p. o., s. c., i. m., 1–2 × tgl.; nach Adrenalektomie: 0,25 mg/kg p. o., 2 × tgl., über 5 Tage, dann 0,1 mg/kg p. o., 2 × tgl., über 10 Tage **Kaninchen:** 0,5–2 mg/kg p. o. **Kleinnager:** 0,5–2,2 mg/kg p. o., s. c., i. m.

Wirkstoff	Beispiele für Handelspräparate	Wirkung	Indikation
Procain	Isocain (20 mg + 0,025 mg Adrenalin [als Sperrkörper]/ml Inj.-Lsg.) Ⓥ (Selectavet), Minocain (20 mg/ml Inj.-Lsg.) Ⓥ (Albrecht, bela-pharm), Procamidor (20 mg/ml Inj.-Lsg.) Ⓥ (WDT), Procasel (20 mg/ml Inj.-Lsg.) Ⓥ (Selectavet) u. a.	Lokalanästhetikum	Lokal-, Infiltrations-, Leitungs-, Epiduralanästhesie
Procarbazin	Natulan (50 mg/Kapsel) Ⓗ (Sigma-Tau)	alkylierendes Zytostatikum	Lymphom
Proligeston	Delvosteron (100 mg/ml Inj.-Susp.) Ⓥ (Intervet)	Gestagen	Östrusverhinderung, Pseudogravidität, hormonelle Alopezie
Propentofyllin	Karsivan (50 mg/100 mg/Filmtabl.) Ⓥ (Intervet), Vitofyllin (50 mg–100 mg/Filmtabl.) Ⓥ (WDT) u. a.	Methylxanthin, Phosphordiesterasehemmer	Ischämie
Propofol	Narcofol (10 mg/ml Inj.-Emulsion) Ⓥ (CP-Pharma), PropoFlo Vet (10 mg/ml Inj.-Emulsion) Ⓥ (Abbot, Ecuphar), Vetofol (10 mg/ml Inj.-Emulsion) Ⓥ (Bayer Vital)	Narkotikum, Antiepileptikum (Status epilepticus)	a) Kurzzeitnarkose b) Narkoseeinleitung (atemdepressiv)
Propofol + Medetomidin s. Medetomidin			
Propoxur	Bolfo (10 mg/g Puder, 1,1 mg/ml Shampoo) Ⓥ (Bayer Vital) u. a.	Antiparasitikum, Ektoparasitosen	Befall mit Haarlingen, Flöhen, Läusen, Zeckenprophylaxe

Mögliche Nebenwirkungen, Besonderheiten	Kontraindikationen	Tierart, Dosierung
Gewebsreizung, Allergisierung	Allergie, insbesondere auch bei Kombinationen (Procain-Penicillin), Herzinsuffizienz, besonders schwere Überleitungsstörung	**alle:** 0,25–1 ml örtlich; Epiduralanästhesie: 8 mg/kg der 1–2%igen Lsg.
Magen-Darm-Störungen (haemorrhagische Gastritis), Myelosuppression (Thrombozytopenie, Leukopenie), potenziell teratogen	Myelosuppression	**Frettchen:** 50 mg/m² p. o., 1 × tgl., über 14 Tage
an Injektionsstelle: Haarausfall, Haarverfärbung	Gravidität; Endometritis offenbar selten	**Frettchen:** 50 mg/Tier s. c.
nicht bekannt	nicht bekannt	**Chinchilla:** 10–20 mg/kg p. o., 1–2 × tgl. **Gerbil, Hamster, Maus, Ratte:** 10–25 mg/kg p. o., 1–2 × tgl. **Kaninchen:** 5 mg/kg p. o., 2 × tgl.; 10 mg/kg p. o., 2 × tgl. **Meerschwein:** 10–20 mg/kg p. o., 1–2 × tgl.
Vasodilation, Hypotonie, vorübergehend Apnoe bei zu rascher Injektion, Erbrechen, Exzitation in der Aufwachphase	Vorsicht bei Herz-, Atemfunktions-, Leber-, Nierenstörung	**Frettchen:** a) 5–10 mg/kg i. v.; 50 mg/Frettchen i. v. b) 1–5 mg/kg i. v. **Kaninchen:** a) 3–6 mg/kg i. v.; 7,5–15 mg/kg i. v. b) 2–3 mg/kg i. v. (nach Prämedikation); Erhaltung mit ca. 1 mg/kg i. v., alle 15 min **Ratte:** a + b) 7,5–10 mg/kg i. v.
Igel: bei Überdosierung besteht Exitusgefahr, ggf. unwirksam aufgrund resistenter Flöhe	großflächige Hautläsionen; geschwächte, junge oder zu leichte Igel	**Igel:** Tier unter Aussparung von Kopf, Bauch und Beinen einsprühen, 1 × **Kleinnager** (die meisten Arten): topisch alle 7 Tage **Meerschwein:** lokal als 1%iges Puder, 1–2 × wöchentlich

Wirkstoff	Beispiele für Handelspräparate	Wirkung	Indikation
Propranolol	Dociton (10 mg/Filmtabl. u. a., 1 mg/ml Inj.-Lsg.) Ⓗ (mibe), Propra (10 mg/Tabl. u. a.) Ⓗ (ratiopharm) u. a.	β-Adrenolytikum, Antiarrhythmikum, Blutdrucksenkung	hypertrophe Kardiomyopathie
Prostaglandin $F_{2\alpha}$ (Dinoprost)	Dinolytic (5 mg/ml Inj.-Lsg. u. a.) Ⓥ (Zoetis), Enzaprost T (5 mg/ml Inj.-Lsg.) Ⓥ (CEVA)	Gewebshormon, Steigerung der Uterusmotilität	a) Metritis, Pyometra b) Geburts-, Aborteinleitung
Pseudoephedrin	Reactine duo (120 mg + 5 mg Cetirizin/Retardtabl.) Ⓗ (Johnson & Johnson), Rhinopront (60 mg + 2,5 mg Triprolidin/Tabl.) Ⓗ (Recordati)	indirekt wirkendes Sympathomimetikum, α_1-Adrenozeptor-Agonist	Vasokonstriktor
Pyrantelpamoat	Banminth (7,5 mg–40 mg–152 mg/g Paste) Ⓥ (Zoetis), Hippoparex (147 mg/g Paste) Ⓥ (MEDISTAR, Serumwerk Bernburg, WDT), Pyrantelpaste (20,8 mg/g Paste) Ⓥ (Albrecht, WDT), Verminal P (138 mg/g Paste) Ⓥ (Albrecht) u. a.	Anthelminthikum gegen Nematoden	Befall mit Askariden, *Ancylostoma*, *Uncinaria*
Pyranteltartrat	Helmex (250 mg/Kautabl., 50 mg/ml Susp.) Ⓗ (Infectopharm)	Anthelmintikum gegen Nematoden	s. Pyrantelpamoat
Pyrantel + Febantel + Praziquantel s. Pyrantel			
Pyrethrum [Py](+ Piperonylbutoxid [Pi])	Goldgeist (0,75 mg Py + 7 mg Pi/g Lsg.) Ⓗ (Gerlach), Ixotan (20 mg/Pipette) Biozid 🄵 🄺 🄼 (Serumwerk Bernburg)	Antiparasitikum, Akarizid, Insektizid	Befall mit auf Haut parasitierenden Arthropoden

Mögliche Nebenwirkungen, Besonderheiten	Kontraindikationen	Tierart, Dosierung
Sedation, Anorexie, Bradykardie, Verstärkung einer Herzinsuffizienz, Hypotonie, Bronchospasmus, Steigerung der Darmperistaltik, Durchfall	bradykarde Rhythmusstörung, Bronchialasthma, Insulintherapie (Hypoglykämie), Gravidität	**Frettchen:** 0,2–1 mg/kg p. o., 2–3 × tgl. 2 mg/kg p. o., s. c., 2 × tgl. **Ratte:** 0,5 mg/kg p. o., s. c., 2 × tgl.
nicht bekannt	nicht bekannt	**Frettchen:** a) 0,1–0,5 mg/Tier i. m., nach Bedarf b) 0,5 mg/Tier i. m., nach 1–4 Std. 6 I. E. Oxytocin (am Tag 41 der Trächtigkeit bei einer Frucht)
nicht bekannt	nicht bekannt	**Chinchilla:** 1,2 mg/Tier p. o., 2 × tgl. **Frettchen:** 5 mg/kg p. o., 3 × tgl.
allgemein gut verträglich; selten: verstärkte Resorption bei Darmläsionen (Endoparasiten) sowie allgemein erheblicher Schwächung: Salivation, Defäkation, Durchfall, Tachypnoe, Muskeltremor	erhebliche körperliche Schwäche, Zestoden, Trematoden	**Frettchen:** 4,4 mg/kg p. o., Wdh. nach 14 Tagen **Kaninchen:** 5–10 mg/kg p. o., s. c., i. m., Wdh. nach 10–21 Tagen **Kleinnager:** 50 mg/kg p. o. **Maus:** 250 mg/kg Futter, über 4 Wo.
s. Pyrantelpamoat	s. Pyrantelpamoat	**Maus:** 250 mg/kg Futter, über 4 Wo.
zunehmende Resistenz von Zecken; evtl. lokale Irritation, gelegentlich Haarausfall, Blasenbildung	Vorsicht bei großflächigen Hautläsionen; nicht bei Tieren unter 3 Monaten; bei Tieren unter 1 kg KM; nicht bei kranken oder rekonvalenten Tieren	**Chinchilla, Meerschwein:** topisch (Puder), alle 7 Tage, 3 Behandl. **Meerschwein:** topisch (Puder), alle 7 Tage, 3 Behandl.; 5–10 mg/kg Spot-on, ggf. Wdh. alle 4 Wo. **Frettchen:** topisch, alle 7 Tage, nach Bedarf, 5–10 mg/kg Spot-on, ggf. Wdh. alle 4 Wo. **Gerbil:** topisch (Puder), 3 × wöchentlich, über 3 Wo.

Wirkstoff	Beispiele für Handelspräparate	Wirkung	Indikation
→ Pyrethrum [Py](+ Piperonylbutoxid [Pi])			
Pyridostigmin	Kalymin (10 mg/Tabl. u. a.) Ⓗ (Hormosan), Mestinon (10 mg/Tabl. u. a.) Ⓗ (Meda Pharma)	Carbamat, reversibler Acetylcholinesterasehemmer	Myasthenia gravis
Pyrimethamin	Daraprim (25 mg/Tabl.) Ⓗ (GlaxoSmithKline)	Antikokzidium, Diaminopyrimidin (Blockade der Tetrahydrofolsäuresynthese wie Trimethoprim)	Toxoplasmose
Radix ipecacuanhae (Brechwurz)	Rp. Ipecacuanha-Fluidextrakt 5,5; Glycerol 10,0; Zuckersirup ad 100 ml zur Herstellung in der öffentlichen Apotheke	Emetikum, Saponin der Brechwurz	Auslösung von Erbrechen
Ramipril	Vasotop P (0,625 mg/Tabl. u. a.) Ⓥ (Intervet)	Vasodilatator, ACE-Hemmer	Herzinsuffizienz: Kongestion, Herzdilatation, -hypertrophie, Hypertonie, Vor- und Nachlastsenker; chronische Niereninsuffizienz (regelmäßige Kontrolle)
Ranitidin	Ranitidin (150 mg/Filmtabl. u. a., 10 mg/ml Inj.-Lsg.) Ⓗ (ratiopharm u. a.) u. a.	Antazidum, H_2-Antagonist, Säureblocker	Gastritis, Magenulzera, Magenübersäuerung, *Helicobacter*-Infektion

Mögliche Nebenwirkungen, Besonderheiten	Kontraindikationen	Tierart, Dosierung
		Hamster, Maus, Ratte: topisch (Puder), 3 × wöchentlich, über 3 Wo.; Shampoo (0,05%ig), alle 7 Tage, 4 Behandl. **Kaninchen:** topisch, alle 7 Tage; 5–10 mg/kg Spot-on, ggf. Wdh. alle 4 Wo.
cholinerg: z. B. Erhöhung der Magen-Darm-Motilität, Salivation, Lakrimation, Durchfall, Bradykardie	Harnwegsobstruktion, Obstruktion Magen-Darm-Trakt	**Frettchen:** 1 mg/kg p. o., 2–3 × tgl.
ggf. Kombination mit Sulfonamiden	Resistenz gegenüber Pyrimethamin	**Frettchen:** 0,5 mg/kg p. o., 2 × tgl.
Reizung der Magenschleimhaut	Gastroenteritis	**Frettchen:** 7%ige Lsg.: 2,2–6,6 ml/Tier p. o.
große therapeutische Breite; anfangs Hypotonie, Müdigkeit, vorübergehend Azotämie möglich	Mitralklappen-, Aortenstenose, obstruktive hypertrophe Kardiomyopathie, Hypotonie, Gravidität, Laktation	**Frettchen:** 0,125 mg/kg p. o., 1 × tgl. **Kaninchen:** 0,125 mg/kg p. o., 1 × tgl.
vorübergehend Erbrechen, Durchfall, Meteorismus, vaginale Blutungen	Gravidität, Laktation	**Chinchilla:** 5 mg/kg p. o., 2 × tgl. **Frettchen:** 3,5 mg/kg p. o., 2 × tgl. **Kaninchen:** 2 mg/kg i. v., 1 × tgl.; 2–5 mg/kg p. o., 2 × tgl. **Meerschwein:** 5 mg/kg p. o., 2 × tgl.

Wirkstoff	Beispiele für Handelspräparate	Wirkung	Indikation
Rifampicin	Eremfat (150 mg/Filmtabl. u. a., 20 mg/ml Sirup, 60 mg/ml Inj.-Lsg.) Ⓗ (RIEMSER) u. a.	Ansamycin-Antibiotikum, bakterizides Mittelbandspektrumantibiotikum	a) Tuberkulose, Mykobakteriose, Staphylokokkeninfektion b) Staphylokokkenosteomyelitis: Rifampicin (R) + Azithromycin (A), Rifampicin (R) + Clarithromycin (C)
Ronidazol	Ridzol (100 mg/g Pulver) Ⓥ (Dr. Hesse Tierpharma)	Antibiotikum, Nitroimidazol, bakterizides Breitspektrumantibiotikum + Protozoen (Trichomonaden, Histomonaden)	Infektionen durch *E. coli, Salmonella typhimurium, Staphylococcus aureus, Streptococcus pyogenes* (BU!), Histomonaden, Trichomonaden
S-Metopren s. Fipronil + S-Methopren			
Salbutamol	Salbutamol (1 mg/ml Lsg. u. a.) Ⓗ (Infectopharm) u. a.	β_2-Bronchospasmolytikum, Sympathomimetikum	Bronchospasmus
Selamectin	Stronghold (60 mg/ml Lsg. [15 mg Ampulle u. a.], 120 mg/ml Lsg. [60 mg Ampulle u. a.]) Ⓥ (Zoetis)	Endektozid, makrozyklisches Lakton	Befall mit Mikrofilarien, Flöhen, Milben, Haarlingen, *Cheyletiella*, *Demodex*, Magen-Darm-Nematoden; Ohrmilben

Mögliche Nebenwirkungen, Besonderheiten	Kontraindikationen	Tierart, Dosierung
Hautallergie, Erhöhung der Leberenzyme	Rifampicin-Überempfindlichkeit, Hepatopathie	**Kaninchen:** a) (R) 40–80 mg/kg p.o. s.c.b) (R) 40 mg/kg p.o., 2 × tgl. + (A) 50 mg/kg p.o., 1 × tgl.; (R) 40 mg/kg + (C) 80 mg/kg, p.o., 2 × tgl.
genotoxisches und kanzerogenes Wirkungspotenzial	nicht bekannt	**Gerbil:** 0,4 mg/ml Trinkwasser **Maus:** 0,4 mg/ml Trinkwasser, über 7 Tage (ggf. süßen Sirup zusetzen) **Ratte:** 0,4 mg/ml Trinkwasser
Tachykardie, Arrhythmie	tachykarde Arrhythmie	**Frettchen:** 0,06 mg/kg p.o., 1–4 × tgl., Inhalation, Zerstäuber
gut verträglich **Igel:** bei Überdosierung besteht Exitusgefahr	Jungtiere, geschwächte, junge oder zu leichte Igel	**Frettchen:** 6–10 (–12) mg/kg topisch, Wdh. nach 2 Wo. **Hamster:** 6–18 mg/kg topisch, streng im Nacken **Igel:** 6–18 mg/kg Spot-on ggf. Wdh. nach 30 Tagen, 1 ×; 6 mg/Tier (Igel < 500 g) Spot-on, 1 ×; 15 mg/Tier (Igel > 500 g) Spot-on, 1 ×; 30 mg/Tier (Igel > 1000 g) Spot-on, 1 × **Kaninchen:** 6–18 mg/kg topisch, 1×; bis 2,5 kg: 15 mg; 2,6–5 kg: 30 mg; 5–7,5 kg: 45 mg; Wdh. nach 30 Tagen **Kleinnager** (die meisten Arten): 15 mg/kg topisch, Wdh. nach 3–4 Wo., *Sarcoptes:* 30 mg/kg topisch, Wdh. nach 3–4 Wo.; *Demodex:* 15 mg/kg topisch, Wdh. nach 2 Wo.

Wirkstoff	Beispiele für Handelspräparate	Wirkung	Indikation
→ Selamectin			
Sevofluran	Sevoflo (1000 ml/l Lsg.) Ⓥ (Ecuphar)	Inhalationsnarkotikum	Inhalationsnarkose
Spiramycin	Suanatem (23,8 mg + 16,67 mg Metronidazol/Tabl. u. a.) Ⓥ (Merial)	Makrolid, bakteriostatisches Mittelbandspektrumantibiotikum	Infektionen durch grampositive Bakterien, gramnegative Kokken, Mykoplasmen (nach Antibiogramm), z. B. Arthritiden, Pneumonien, Mykoplasmosen, Stomatitis, Gingivitis (hoher Speichel- und Gewebsspiegel)
Stanozolol	kein veterinär- oder humanmedizinisches Arzneimittel in Deutschland verfügbar	anaboles Steroid	Rekonvaleszenz
Streptomycin (S), Dihydrostreptomycin (D) (in Kombi mit Penicillinen [Benzylpenicillin-Benzathin (BB), Benzylpenicillin-Procain (BP)])	Penicillin-Dihydrostreptomycin-Suspension 45 Mega (257 mg D + 200 mg BP/ml Inj.-Susp.) Ⓥ (aniMedica), Strepdipen (109 mg D + 83 mg BB/ml Inj.-Susp.) Ⓥ (MEDISTAR, Serumwerk Bernburg), Streptocombin (257 mg D + 200 mg BP/ml Inj.-Susp.) Ⓥ (Albrecht), Strepto-Fatol (1 g S-TS/Ampulle) Ⓗ (Riemser) u. a.	Aminoglykosid, bakterizides Breitspektrumantibiotikum	Tuberkulose, (grampositive Bakterien; BU!)

Mögliche Nebenwirkungen, Besonderheiten	Kontraindikationen	Tierart, Dosierung
		Maus: 1 Tr. (60 mg/ml) topisch hinters Ohr **Meerschwein:** 15 mg (< 800 g), 30 mg (> 800 g) topisch; Wdh. ggf. nach 10–14 Tagen **Ratte:** 15 mg/kg topisch
Hypotonie, Tachypnoe, Apnoe, Erbrechen	potenziell nephrotoxisch, nicht bei Niereninsuffizienz anwenden	**alle:** Einleitung: 5–7%ig; Erhaltung: 3,3–3,8%ig **Gerbil:** Einleitung: 5–7%ig; Erhaltung: 3–5%ig; Flow: 0,4 l/min 5,2 % **Kaninchen:** Einleitung: 6–8%ig; Erhaltung: 1–3%ig
Störung der Spermatogenese, selten Erbrechen	Gravidität, Hepatopathie, **Anwendung bei Meerschwein, Chinchilla, Hamster**	**Igel:** 15 mg/kg p. o., 1 × tgl., über 8 Tage; 6–12 mg/kg p. o., 2 × tgl., über 6–10 Tage **Kaninchen:** 10 mg/kg p. o., 2 × tgl.
nicht bekannt	Gravidität, Zuchttiere	**Frettchen:** 0,5 mg/kg p. o., s. c., 2 × tgl. **Kaninchen:** 0,5–2 mg p. o., 1 × **Kleinnager:** 1–2 mg/Tier p. o., 1 ×
irreversible Schädigung des Innenohrs (Vestibulum)	streptomycinresistente Erreger (BU!); Niereninsuffizienz, Trommelfellruptur	**Hamster:** 25–50 (–100) mg/kg p. o., i. m., 1 × tgl. **Kaninchen:** 50 mg/kg s. c., i. m., 1 × tgl. **Meerschwein:** nur bei strenger Indikation **Ratte:** 10 mg/kg s. c., 2 × tgl.

Wirkstoff	Beispiele für Handelspräparate	Wirkung	Indikation
Sucralfat	Sucrabest (1000 mg Granulat/Beutel, 1000 mg/Tabl.) Ⓗ (Combustin)	Antazidum, Adstringens	Magen-Darm-Ulzera, Refluxösophagitis, Gastritis
Sulfadiazin (nur + Trimethoprim [TMP])	Equibactin (333 mg + 67 mg TMP/g Paste) Ⓥ (CP-Pharma), Sulfadiazin + Trimethoprim 15 % (125 mg + 25 mg TMP/g Pulver) Ⓥ (MEDISTAR, Serumwerk Bernburg), Trimetotat (400 mg + 80 mg TMP/ml Susp.) Ⓥ (aniMedica), TSO-Tabletten (100 mg + 20 mg TMP/Tabl. u. a.) Ⓥ (CP-Pharma) u. a.	Sulfonamid, antimikrobielles Chemotherapeutikum mit breitem Wirkungsspektrum, bakteriostatisch, in Kombi mit Trimethoprim bakterizid	Infektionen durch grampositive oder -negative Bakterien (nach Antibiogramm!)
Sulfadimethoxin (+Trimethoprim [TMP])	Kokzidiol SD (30 mg/g Pulver) Ⓥ 🄺 (zahlreiche Vertreiber), Retardon (200 mg/ml Susp.) Ⓥ (Selectavet, Vétoquinol), Sulfadimethoxin + Trimethoprim 50 % (417 mg + 83 mg TMP/g Pulver) Ⓥ (MEDISTAR, Pharma-Partner, Serumwerk Bernburg), Trimethosel-P (333 mg + 67 mg TMP/ml Susp.) Ⓥ (Selectavet), Trioxin (250 mg + 50 mg TMP/g Pulver) Ⓥ (bela-pharm)	Sulfonamid, antimikrobielles Chemotherapeutikum mit breitem Wirkungsspektrum, bakteriostatisch, in Kombi mit Trimethoprim bakterizid	a) Infektionen durch grampositive oder -negative Bakterien (nach Antibiogramm!) b) Kokzidiose

Mögliche Nebenwirkungen, Besonderheiten	Kontraindikationen	Tierart, Dosierung
Obstipation (selten)	Urämie	**Frettchen:** 25 mg/kg p. o., 3 × tgl.; 25–125 mg/kg p. o., 2–3 × tgl. **Igel:** 10 mg/kg p. o., 2–3 × tgl. **Kaninchen:** 25 mg/kg p. o., 1 × **Kleinnager:** 25–50 mg/kg p. o.
kaum Hautreaktionen, allergische Reaktionen, Apathie, Erbrechen, Durchfall, hepatotoxisch, Hämatopoesestörung	Sulfonamidüberempfindlichkeit, Hämatopoesestörung, schwere Hepato-, Nephropathie	**Chinchilla:** 15–30 mg/kg p. o., s. c., i. m., 2 × tgl. **Frettchen:** 30 mg/kg p. o., s. c., 2 × tgl. **Gerbil:** 15–30 mg/kg p. o., i. m., 2 × tgl. **Hamster:** 15–30 mg/kg p. o., s. c., i. m., 2 × tgl. **Kaninchen:** 15–30 mg/kg p. o., s. c., 2 × tgl. **Maus:** 15–30 mg/kg p. o., i. m., 2 × tgl. **Meerschwein:** 15–30 mg/kg p. o., s. c., i. m., 2 × tgl.; 100–120 mg/kg + 30 mg TMP/kg p. o., s. c., 1 × tgl. **Ratte:** 15–30 mg/kg p. o., 2 × tgl.
s. Sulfadiazin	s. Sulfadiazin	**Chinchilla:** a + b) 10–15 mg/kg p. o., 2 × tgl. a) 25 mg/kg p. o., 1 × tgl., über 10–20 Tage b) 25–50 (–75) mg/kg p. o., 1 × tgl., über 7–14 Tage; 50 mg/kg p. o. am 1. Tag, dann 25 mg/kg p. o., 1 × tgl., über 10–20 Tage **Frettchen:** a) 25 mg/kg p. o., s. c., i. m., 1 × tgl.; 30–50 mg/kg p. o., 1–2 × tgl. b) 20–50 mg/kg p. o., 1 × tgl.; 50 mg/kg p. o. am 1. Tag, dann 25 mg/kg p. o., 1 × tgl., über 9 Tage **Gerbil:** a + b) 10–15 mg/kg p. o., 2 × tgl. b) 50 mg/kg p. o. am 1. Tag, dann 25 mg/kg p. o., 1 × tgl., über 10–20 Tage; 75 mg/kg p. o., 1 × tgl., über 7–14 Tage

Wirkstoff	Beispiele für Handelspräparate	Wirkung	Indikation
→ Sulfadimethoxin (+Trimethoprim [TMP])			

Mögliche Nebenwirkungen, Besonderheiten	Kontraindikationen	Tierart, Dosierung
		Hamster: a + b) 10–15 mg/kg p.o., 2 × tgl. a) 250 mg/kg p.o., 1 × tgl., über 10–20 Tage b) 75–100 mg/kg p.o., 1 × tgl., über 7–14 Tage; 25–50 mg/kg p.o., 1 × tgl., über 10 Tage; 50 mg/kg p.o. am 1. Tag, dann 25 mg/kg p.o., 1 × tgl., über 10–20 Tage **Igel:** b) 2–20 mg/kg p.o., s.c., i.m., 1 × tgl., 2–20 mg/kg p.o., s.c., i.m., 1 × tgl. über 2–5 Tage, Wdh. nach 5 Tagen; 10 mg/kg p.o., 1 × tgl. über 5–7 Tage; 80 mg/kg p.o., 1 × tgl. über 5 Tage, Wdh. nach 5 Tagen **Kaninchen:** a) 10–15 mg/kg p.o., 2 × tgl. b) 50 mg/kg p.o. am 1. Tag, dann 25 mg/kg p.o., 1 × tgl., über 10–20 Tage **Maus:** a + b) 10–15 mg/kg p.o., 2 × tgl. b) 50 mg/kg p.o. am 1. Tag, dann 25 mg/kg p.o., 1 × tgl., über 10–20 Tage **Meerschwein:** a + b) 10–15 mg/kg p.o., 2 × tgl. a) 25 mg/kg p.o., 1 × tgl. b) 75 mg/kg p.o., 1 × tgl., über 7–14 Tage; 25–50 mg/kg p.o., 1 × tgl., über 10 Tage; 50 mg/kg p.o. am 1. Tag, dann 25 mg/kg p.o., 1 × tgl., über 10–20 Tage **Ratte:** a +b) 10–15 mg/kg p.o., 2 × tgl. b) 50 mg/kg p.o. am 1. Tag, dann 25 mg/kg p.o., 1 × tgl., über 10–20 Tage; 25–50 (–75) mg/kg p.o., 1 × tgl., über 7–14 Tage

Wirkstoff	Beispiele für Handelspräparate	Wirkung	Indikation
Sulfadimidin (+ Trimethoprim [TMP])	Sulfadimidin (1000 g/g Pulver) Ⓥ (aniMedica, belapharm u. a.), Sulfadimidin pro inj. (200 mg/ml Inj.-Lsg.) Ⓥ (MEDISTAR, Serumwerk Bernburg), Trimethosel (200 mg + 40 mg TMP/ml Inj.-Lsg.) Ⓥ (Selectavet) u. a.	Sulfonamid, antimikrobielles Chemotherapeutikum mit breitem Wirkungsspektrum, bakteriostatisch, in Kombi mit Trimethoprim bakterizid	a) Infektionen durch grampositive oder -negative Bakterien (nach Antibiogramm!) b) Kokzidiose
Sulfamerazin (+ Trimethoprim [TMP])	Trimetox (160 mg + 32 mg TMP/g Pulver) Ⓥ (Veyx-Pharma)	Sulfonamid, antimikrobielles Chemotherapeutikum mit breitem Wirkungsspektrum, bakteriostatisch, in Kombi mit Trimethoprim bakterizid	a) Infektionen durch grampositive oder -negative Bakterien (nach Antibiogramm!) b) Kokzidiose
Sulfamethoxazol (+ Trimethoprim [TMP])	Metaxol (100 mg + 20 mg TMP/ml Lsg.) Ⓥ (Albrecht), Methoxazol-T (100 mg + 20 mg TMP/ml Lsg.) Ⓥ (Albrecht), TMPS oral (80 mg + 20 mg TMP/ml Lsg.) Ⓥ (Albrecht)	Sulfonamid, antimikrobielles Chemotherapeutikum mit breitem Wirkungsspektrum, bakteriostatisch, in Kombi mit Trimethoprim bakterizid	Infektionen, inkl. akute Gastroenteritis durch grampositive oder -negative Bakterien (nach Antibiogramm!); Chlamydien, Kokzidien, Toxoplasmen

Mögliche Nebenwirkungen, Besonderheiten	Kontraindikationen	Tierart, Dosierung
s. Sulfadiazin; Injektionslösung ggf. stark gewebereizend, Abszessbildung mögl.	s. Sulfadiazin	**Igel:** b) 100–200 mg/kg s.c., 1 × tgl., über 3 Tage; 40–50 mg/kg s.c., 1 × alle 48 Std.; 20 mg/kg s.c., 2 × tgl., über 5 Tage **Kaninchen:** b) 0,1–0,23 mg/ml Trinkwasser **Maus:** 0,5 mg/ml Trinkwasser **Meerschwein:** 0,2 mg/ml Trinkwasser **Ratte:** 0,2 mg/ml Trinkwasser
s. Sulfadiazin	s. Sulfadiazin	**Chinchilla:** a + b) 1–1,5 mg/ml Trinkwasser **Gerbil:** a + b) 1 mg/ml Trinkwasser **Hamster:** a + b) 1 mg/ml Trinkwasser **Kaninchen:** a) 0,5–1,5 mg/ml Trinkwasser b) 100 mg/kg p.o. **Maus:** a + b) 1 mg/ml Trinkwasser) a) 0,25 mg/g Futter **Meerschwein:** a + b) 1 mg/ml Trinkwasser **Ratte:** a + b) 1 mg/ml Trinkwasser a) 0,25 mg/g Futter
Salivation, Erbrechen, Ataxie, Krämpfe, Depression, Niereninsuffizienz	s. Sulfadiazin	**Frettchen:** 20–30 mg/kg p.o., s.c., 2 × tgl. in Kombi mit 4 mg TMP/kg **Gerbil:** 30 mg/kg s.c., 1 × tgl., über 5–7 Tage in Kombi mit TMP **Igel:** 48 mg/kg p.o., 1 × tgl., über 5 Tage, Wdh. nach 5 Tagen, 1. Behandlungstag doppelte Dosis, in Kombi mit TMP

Wirkstoff	Beispiele für Handelspräparate	Wirkung	Indikation
Sulfamethoxypyridazin	kein veterinär- oder humanmedizinisches Arzneimittel in Deutschland verfügbar	Sulfonamid, antimikrobielles Chemotherapeutikum mit breitem Wirkungsspektrum, bakteriostatisch	Infektionen durch grampositive oder -negative Bakterien (nach Antibiogramm!); Chlamydien, Kokzidien, Toxoplasmen
Sulfanilamid	kein veterinär- oder humanmedizinisches Arzneimittel in Deutschland verfügbar	Sulfonamid, antimikrobielles Chemotherapeutikum mit breitem Wirkungsspektrum, bakteriostatisch	Infektionen durch grampositive oder -negative Bakterien (nach Antibiogramm!); Chlamydien, Kokzidien, Toxoplasmen
Sulfaquinoxalin	Sulfaquinoxalin-Na 100 % (932 mg/g Pulver) Ⓥ 🄺 (aniMedica, Konivet), Sulfenazon (932 mg/g Pulver) Ⓥ 🄺 (belapharm)	Sulfonamid, antimikrobielles Chemotherapeutikum mit breitem Wirkungsspektrum, bakteriostatisch	Infektionen durch grampositive oder -negative Bakterien (nach Antibiogramm!); Chlamydien, Kokzidien, Toxoplasmen
Sulfasalazin (Salazosulfapyridin)	Sulfasalazin (500 mg/msr. Tabl.) Ⓗ (HEXAL, Heyl, medac) u. a.	Antidiarrhoikum, Sulfonamid, antimikrobielles Chemotherapeutikum mit breitem Wirkungsspektrum, bakteriostatisch, in Kombi mit Trimethoprim bakterizid	Kolitis, Colon irritabile, chronische idiopathische Kolitis

Mögliche Nebenwirkungen, Besonderheiten	Kontraindikationen	Tierart, Dosierung
Auskristallisation bei niedrigem Harn-pH, Verdauungsstörungen, Vorsicht bei Gravidität und Neugeborenen	schwere Hepato-, Nephropathien, Dehydratation, Hämatopoesestörung, Sulfonamidüberempfindlichkeit	**Kaninchen:** 25 mg/kg p.o., 1 × tgl., über 3–5 Tage **Meerschwein:** 25 mg/kg p.o., 1 × tgl., über 3–5 Tage
Auskristallisation bei niedrigem Harn-pH, Verdauungsstörungen, Vorsicht bei Gravidität und Neugeborenen	schwere Hepato-, Nephropathien, Dehydratation, Hämatopoesestörung, Sulfonamidüberempfindlichkeit	**Hamster:** 100–300 mg/kg p.o.
Auskristallisation bei niedrigem Harn-pH, Verdauungsstörungen, Vorsicht bei Gravidität und Neugeborenen	schwere Hepato-, Nephropathien, Dehydratation, Hämatopoesestörung, Sulfonamidüberempfindlichkeit	**Chinchilla:** 30 mg/kg p.o., s.c., i.m., 1 × tgl.; 1 mg/ml Trinkwasser, über 14–21 Tage **Gerbil:** 1 mg/ml Trinkwasser, über 14–21 Tage **Hamster:** 1 mg/ml Trinkwasser, über 14–21 Tage **Kaninchen:** 0,4–1,5 mg/ml Trinkwasser; 0,125–0,6 mg/g Futter **Maus:** 1 mg/ml Trinkwasser, über 14–21 Tage **Meerschwein:** 1 mg/ml Trinkwasser, über 14–21 Tage **Ratte:** 0,25–1 mg/ml Trinkwasser
gelegentlich Hautallergie, Erbrechen, Anorexie, vereinzelt Keratokonjunktivitis, Hämatopoesestörung	Sulfonamid-, Salicylatüberempfindlichkeit, Vorsicht bei Gravidität sowie bei eingeschränkter Leber-, Nierenfunktion	**Frettchen:** 10–20 mg/kg p.o., 2 × tgl. **Kaninchen:** 62,5–125 mg/Tier p.o., 1–3 × tgl. (1/8–1/4 einer 500 mg Tabl., pulverisiert)

Wirkstoff	Beispiele für Handelspräparate	Wirkung	Indikation
Terbinafin	Lamisil once (10 mg/ml Lsg.) Ⓗ (GlaxoSmithKline), Terbinafin (125 mg/Tabl. u. a., 10 mg/g Creme) Ⓗ (Aliud, 1A Pharma) u. a.	Antimykotikum, Naphthalenderivat	Dermatophytose (Trichophyton, Microsporum), Infektion der Haut (Candida albicans) a) kokzidioide Meningitis b) Keratomykose
Terbutalin	Terbutalin (2,5 mg–7,5 mg/Tabl.) Ⓗ (Aliud)	β_2-Sympathomimetikum, Bronchospasmolytikum	Bronchospasmolyse
Testosteron	Testosteron (250 mg/ml Inj.-Lsg.) Ⓗ (Eifelfango, GALENpharma, Rotexmedica) u. a.	Hormon (Androgen)	a) Harninkontinenz, testosteronreagible Dermatosen b) Unfruchtbarkeit (♂)
Tetracyclin	Tetracyclin-HCl (924 mg/g Pulver) Ⓥ (aniMedica), Tetracyclinhydrochlorid (924 g/g Pulver) Ⓥ (aniMedica, bela-pharm)	Tetracyclin-Antibiotikum, bakteriostatisches Breitspektrumantibiotikum	Infektionen durch grampositive oder -negative Bakterien (nach Antibiogramm), Rickettsiose, Bordetellose, Klebsiellose, Pasteurellose, Mykoplasmose, Clostridiose

Mögliche Nebenwirkungen, Besonderheiten	Kontraindikationen	Tierart, Dosierung
Diarrhoe, Dyspepsie, Bauchschmerzen, gering- bis mittelgradige Erhöhung der Leberenzyme, Juckreiz, Urtikaria	Hepatopathie, eingeschränkte Nierenfunktion	**Igel:** 100 mg/kg p.o., 2 × tgl. **Kaninchen:** 10–30 mg/kg p.o., 1 × tgl., bis zur Heilung (ca. 6 Wo.) a) 100 mg/kg p.o., 2 × tgl., über 21 Tage b) topisch am Auge 1 %ige Lsg. (=10 mg/ml), 4 × tgl., über 8 Wo. **Kleinnager:** 10–30 mg/kg p.o., 1 × tgl., über 4–6 Wo.
Tachykardie, Arrhythmie, Tremor	Hyperthyreose, tachykarde Arrhythmie	**Frettchen:** 2,5–5 mg/kg p.o., 1–2 × tgl. **Kleinnager** (die meisten Arten): 5 mg/kg p.o., 2 × tgl.
Verstärkung der Wirkung von Antikoagulanzien	Prostatatumoren	**Kaninchen:** a) 50 mg/Tier s.c., i.m. b) 1 mg/Tier s.c., i.m.
Erbrechen, Meteorismus, Durchfall, Störung der Darmflora, Hypotension (zu rasche i.v.-Injektion) allergische Reaktionen, Interaktion mit Kalzifizierung sowie Verfärbung der Zähne im Wachstum	Überempfindlichkeit gegen Tetracycline, schwere Leber-, Nierenfunktionsstörung, Vorsicht bei Meerschwein, Hamster	**Chinchilla:** 20 mg/kg p.o., 2 × tgl.; 0,3–2 mg/ml Trinkwasser **Frettchen:** 20–25 mg/kg p.o., 2–3 × tgl. **Gerbil:** 10–20 mg/kg p.o., i.m., 1–3 × tgl. **Hamster:** 10–20 mg/kg p.o., 2–3 × tgl.; 0,4 mg/ml Trinkwasser, über 10 Tage **Kaninchen:** 50–100 mg/kg p.o., 2–3 × tgl.; 0,25–1 mg/ml Trinkwasser **Maus:** 10–20 mg/kg p.o., 2–3 × tgl.; 0,6 mg/ml Trinkwasser **Meerschwein:** 10 (– 20) mg/kg p.o., 1–3 × tgl.; nur bei strenger Indikationsstellung; 0,7 mg/ml Trinkwasser **Ratte:** 10–20 mg/kg p.o., 2–3 × tgl.; 0,2–0,5 mg/ml Trinkwasser; 1–5 mg/g Futter, über 14 Tage

Wirkstoff	Beispiele für Handelspräparate	Wirkung	Indikation
Theophyllin (Aminophyllin)	Afpred (40 mg/ml Inj.-Lsg.) Ⓗ (Leyh-Pharma), Euphylong (125 mg/Retardkapsel u. a.) Ⓗ (AstraZeneca), Solosin (135 mg/Retardkapsel u. a., 104 mg/ml Lsg.) Ⓗ (Zentiva) u. a.	(zentrales Analeptikum), Bronchospasmolytikum, Expektorans, Sekretomotorikum	Bronchospasmus, insbesondere Asthma bronchiale
Thiabendazol	kein veterinär- oder humanmedizinisches Arzneimittel in Deutschland verfügbar	Anthelminthikum, Benzimidazol, antimykotische Wirkung	Befall mit Askariden, *Capillaria*, Oxyuren, Madenwürmern, Trichostrongyliden
Thiamazol	Felimazol (1,25 mg/überzogene Tabl. u. a.) Ⓥ (Albrecht), Thyronorm (5 mg/ml Lsg.) Ⓥ (Bayer)	Thyreostatikum, Thioimidazol, Iodisationshemmer	Hyperthyreose
Thiamylal	kein veterinär- oder humanmedizinisches Arzneimittel in Deutschland verfügbar	Injektionsnarkotikum, Thiobarbiturat	Kurznarkose
Thiopental	Thiopental (500 mg/Durchstechfl. u. a.) Ⓗ (Rotexmedica), Trapanal (500 mg/Durchstechfl.) Ⓗ (Inresa)	Narkotikum, Thiobarbiturat	Kurznarkose, Sedation

Mögliche Nebenwirkungen, Besonderheiten	Kontraindikationen	Tierart, Dosierung
gastrointestinale Störungen, Tachykardie, Extrasystolie, Vasodilatation, Diurese	Herzrhythmusstörungen, Magen-Darm-Ulzera, Vorsicht bei Epilepsie	**Frettchen:** 4–5 (–6,6) mg/kg p. o., i. m., i. v., 2–3 × tgl. **Igel:** 10 mg/kg p. o., i. m., 2 × tgl. **Meerschwein:** 5–10 (–50) mg/kg p. o., 2–3 × tgl. **Kleinnager** (die meisten Arten): 2–3 mg/kg p. o., 2–3 × tgl. **Ratte:** 10–20 mg/kg p. o., 2–3 × tgl.
selten Inappetenz, Durchfall, Benommenheit, Sehstörungen, Juckreiz	nicht bekannt	**Chinchilla:** 50–100 mg/kg p. o., 1 × tgl., über 5 Tage (Ascaridiasis) **Gerbil:** 50–100 mg/kg p. o., 1 × tgl., über 5 Tage **Hamster:** 100 mg/kg p. o., 1 × tgl., über 5 Tage **Kaninchen:** 25–100 mg/kg p. o., 1 × tgl., über 5 Tage; 1 mg/g Futter, über 3 Mon. **Maus:** 100 mg/kg p. o., 1 × tgl., über 5 Tage; 400 mg/kg p. o., 1 × **Meerschwein:** 100–200 mg/kg p. o., 1 × tgl., über 5 Tage **Ratte:** 100 mg/kg p. o., 1 × tgl., über 5 Tage
Erbrechen, Leberschäden, Neutropenie, Hämolyse, Thrombozytopenie	Euthyreose, Leberschäden	**Meerschwein:** 1–2,5 mg/kg p. o., 1–2 × tgl.
s. Thiopental	s. Thiopental	**Kaninchen:** 15–25 mg/kg i. v.
lokale Reizung (paravenös!), Salivation, Atemdepression, Blutdruckanstieg, Herzarrhythmie, Extrasystolie	Eingriffe im Larynx-Pharynx-Bereich, schwere Hepato-, Nephropathien; *cave* Kombination mit β-Sympathomimetika	**Frettchen:** 8–12 mg/kg i. v. **Gerbil:** 30–40 mg/kg i. p. **Hamster:** 30–40 mg/kg i. p. **Kaninchen:** 15–30 mg/kg i. v. **Maus:** 30–40 mg/kg i. v.; 50 mg/kg i. p. **Meerschwein:** 15–30 mg/kg i. v. **Ratte:** 30 mg/kg i. v.; 40 mg/kg i. p.

Wirkstoff	Beispiele für Handelspräparate	Wirkung	Indikation
Tiletamin (+ Zolazepam [Z])	Zoletil 100 (50 mg + 50 mg Z/ml Inj.-Lsg.) Ⓥ (Virbac)	Narkotikum	Anästhesie, Sedation, besonders vor Inhalationsanästhesie, Anästhesie in Kombination von Tiletamin/Zolazepam [T] mit a) Xylazin [X] b) Xylazin [X] + Butorphanol [B]
Tilmicosin	Micotil (300 mg/ml Inj.-Lsg.) Ⓥ (Elanco Animal Health, aniMedica), Pulmotil (250 mg/ml Lsg., 200 mg/g Granulat) Ⓥ (Elanco Animal Health) u. a.	Makrolidantibiotikum, bakteriostatisches Mittelbandspektrumantibiotikum	Infektionen durch grampositive Bakterien, Pasteurellen, Mykoplasmen
Timolol	Tim-Ophtal (0,5 mg/-1 mg/ml Augentr. u. a.) Ⓗ (Winzer) u. a.	β-Adrenolytikum, Glaukommittel	Glaukom
Tobramycin	Gernebcin (10 mg/ml Inj.-Lsg. u. a.) Ⓗ (Infectopharm) u. a.	Aminoglykosid, bakterizides Breitspektrumantibiotikum	Infektionen durch grampositive oder -negative Bakterien (nach Antibiogramm), Kieferabszesse (Einbringen in Knochen nach chirurgischer Wundtoilette, Osteomyelitis)
Tolfenaminsäure	Tolfedine (6 mg/Tabl. u. a., 40 mg/ml Inj.-Lsg.) Ⓥ (Vétoquinol), Tolfedol (40 mg/ml Inj.-Lsg.) Ⓥ (Virbac)	nichtsteroidales Antiphlogistikum, Fenamat	Entzündungen des Bewegungsapparats, Fiebersenkung

Mögliche Nebenwirkungen, Besonderheiten	Kontraindikationen	Tierart, Dosierung
Nierentubulusnekrose, Herzrhythmusstörungen; **Igel:** Aufwachphase ggf. verlängert und unruhig	Vorsicht bei der Anwendung, evtl. Herzrhythmusstörungen, **generell nicht für den Einsatz beim Kaninchen empfohlen** (Nierentubulusnekrose ab 32 mg/kg, leichte Nephrose ab 7,5 mg/kg)	**Chinchilla:** 20–40 mg/kg i.m. **Frettchen:** 12–22 mg/kg i.m. a) [T] 3 mg/kg + [X] 3 mg/kg i.m. b) [T] 1,5 mg/kg + [X] 1,5 mg/kg + [B] 0,2 mg/kg **Gerbil:** a) [T] 20 mg/kg + [X] 10 mg/kg i.p. **Hamster:** 30 mg/kg i.m., i.p. a) [T] 30 mg/kg + [X] 10 mg/kg i.m., i.p. **Igel:** 1–5 mg/kg i.m. **Kaninchen:** 3 mg/kg i.m. **Maus:** 50–80 mg/kg i.m. **Ratte:** 20–40 mg/kg i.m.; 50–80 mg/kg i.m.
kardiovaskuläre Toxizität: Tachykardie, Myokardschäden, Arrhythmien, Schwäche, Blässe, plötzliche Todesfälle möglich, lokale Reizungen (s.c.)	Vorsicht vor Selbstinjektion (Todesfälle beim Menschen beschrieben), nicht mit Dopamin behandeln	**Kaninchen:** 5 mg/kg s.c., 1 × tgl., wenn keine Besserung: 10 mg/kg s.c. nach 1 und 2 Wo.; 25 mg/kg s.c., 1 ×; 12,5 mg/kg p.o. 1 × tgl., über 7 Tage
keine bei örtlicher Anwendung	keine bei örtlicher Anwendung	**alle:** 1 Tr. in Lidspalt, 2 × tgl. **Kaninchen:** topisch am Auge, 2 × tgl.
Hypokalzämie, -magnesämie, -natriämie, -kaliämie, Erhöhung von LDH, Erbrechen, Durchfall	resistente Erreger (BU!), Vorschädigung des Nervus vestibulocochlearis, renale Urämie	**Kaninchen:** 1 g/20 g Methylmethacrylat (Einbringen in Knochen nach chirurgischer Wundtoilette eines Kieferabszesses); 100 mg/g Calciumsulfat-Pellets (biologisch abbaubare Implantate zur Osteomyelitisbehandlung)
Blutbildveränderungen (Leukopenie, Thrombozytopenie), gastrointestinale Blutungen, Anorexie, Erbrechen, Durchfall, Teerstuhl, Verringerung der glomerulären Filtration, Hemmung der thyreoidalen Iodaufnahme	Läsionen der Darmschleimhaut bei Parasitosen, Ulzera, Erbrechen; Herz-, Leber-, Niereninsuffizienz; Hypertonie, Schilddrüsenkrankheiten, vor Geburt	**Kleinnager** (die meisten Arten): 4 mg/kg p.o., s.c., 1 × tgl., max. 3 Tage **Maus:** 2–4 mg/kg s.c., 1 × tgl., max. 3 Tage **Meerschwein:** 2 mg/kg s.c., 1 × tgl.

Wirkstoff	Beispiele für Handelspräparate	Wirkung	Indikation
Toltrazuril	Baycox (50 mg/ml Susp. u. a.) Ⓥ (Bayer Vital), Zorabel (25 mg/ml Lsg.) Ⓥ (Virbac) u. a.	Antiprotozoikum, Antikokzidikum, Triazinderivat	Kokzidiose
Tramadol	Tramadol (50 mg/Tabl., 100 mg/ml Lsg., 50 mg/ml Inj.-Lsg.) Ⓗ (Aliud u. a.)	morphinartiges Analgetikum, Opioid	Analgesie
Trilostan	Vetoryl (10 mg/Hartkapsel) Ⓥ (Albrecht)	Antikortikosteroid	Hyperadrenokortizismus

Mögliche Nebenwirkungen, Besonderheiten	Kontraindikationen	Tierart, Dosierung
2,5 % Lsg. schleimhautreizend (nicht unverdünnt anwenden)	Kaninchen: Gravidität	**Hamster:** 10–20 mg/kg p.o., 1 × tgl., über 3 Tage, Wdh. nach 5 Tagen **Igel:** 10–20 mg/kg p.o., 1×, bei massiven Befall über 3 Tage, ggf. Wdh. nach 10 Tagen (5%ige Lösung verwenden) **Kaninchen:** 2,5–5 mg/kg p.o.; 10 mg/kg p.o., 1 × tgl., über 2–4 Tage; 25 mg/l Trinkwasser (25 mg/kg p.o.), 1 × tgl., über 2 Tage, Wdh. nach 5 Tagen; 50 mg/l Trinkwasser (Leberkokzidiose) **Kleinnager** (die meisten Arten): 10 mg/kg p.o., 1 × tgl., über 3 Tage, Wdh. nach 3–5 Tagen **Meerschwein:** 10 mg/kg p.o., 1 × tgl., 2 × 3 Tage, mit 3 Tagen Pause **Ratte:** 10–20 mg/kg p.o., 1 × tgl., über 2–3 Tage; 25 mg/l Trinkwasser, über 2 Tage, Wdh. nach 3 Tagen Pause
Sedation, Tremor, Exzitationen, wenig klinisch relevante Nebenwirkungen auf Herzkreislaufsystem, Atmung, Gastrointestinaltrakt als andere Opioide	Überempfindlichkeit gegenüber Opioiden	**Frettchen:** 5–10 mg/kg p.o., 1–2 × tgl. **Igel:** 2–4 mg/kg p.o., 2 × tgl. **Kleinnager:** 5–10 mg/kg p.o., 1–2 × tgl. **Kaninchen:** 5 mg/kg s.c., i.v.; 5–15 mg/kg p.o., 2–3 × tgl. **Maus:** 5 mg/kg s.c., i.p.; 10–40 mg/kg s.c., 2 × tgl. **Ratte:** 5 mg/kg i.m.; 5–20 mg/kg p.o., s.c., 2–3 × tgl.
iatrogener Hypoadrenokortizismus, akute Addison-Krise	primäre Hepatitis/ Niereninsuffizienz	**Frettchen:** 2 mg/kg p.o., 2 × tgl. **Igel:** 2 mg/kg p.o., 1 × tgl. **Kleinnager:** 2–4 mg/kg p.o., 1 × tgl.

Wirkstoff	Beispiele für Handelspräparate	Wirkung	Indikation
Trimethoprim (TMP) in Kombination mit Sulfonamiden (+ Sulfadiazin, + Sulfadimethoxin, + Sulfadimidin, + Sulfadoxin, + Sulfamerazin, + Sulfamethoxazol)	TMP + Sulfadoxin: Borgal (200 mg + 40 mg TMP/ml Inj.-Lsg.) Ⓥ [Me] (Virbac), Forthoprim (200 mg + 40 mg TMP/ml Inj.-Lsg.) Ⓥ [Me] (MEDISTAR, Serumwerk Bernburg), Sulphix (200 mg + 40 mg TMP/ml Inj.-Lsg.) Ⓥ [Me] (bela-pharm) u. a. TMP + andere Sulfonamide s. dort	antimikrobielles Chemotherapeutikum, Bakteriostatikum, in Kombination mit Sulfonamiden bakterizid, kokzidiostatisch	Infektionen durch grampositive (Staphylo-, Streptokokken, Clostridien) oder -negative Bakterien (Bordetellen, Pasteurellen) (nach Antibiogramm!)
Tropicamid	Mydriaticum Stulln (5 mg/ml Augentr.) Ⓗ (Pharma Stulln) u. a.	Mydriatikum, Anticholinergikum	Mydriasis
Tylosin	Norotyl LA (150 mg/ml Inj.-Susp.) Ⓥ (Bayer Vital), Pharmasin (250 mg/g Granulat) Ⓥ (aniMedica, HUVEPHARMA), Tylan (250 mg/g Pulver, 200 mg/ml Inj.-Lsg.) Ⓥ (Elanco Animal Health), Tylo-Suscit (924 mg/g Granulat) Ⓥ (bela-pharm), Tylosin (200 mg/ml Inj.-Lsg.) Ⓥ (Albrecht, aniMedica, bela-pharm) u. a.	Makrolidantibiotikum, bakteriostatisches Mittelbandspektrumantibiotikum	Infektionen durch grampositive oder -negative Kokken (nach Antibiogramm), Mykoplasmen (BU!)

Mögliche Nebenwirkungen, Besonderheiten	Kontraindikationen	Tierart, Dosierung
Überempfindlichkeitsreaktionen gegen Sulfonamide, bei s. c.-Inj., evtl. Nekrose	Sulfonamidüberempfindlichkeit, schwere Hepato-, Nephropathien, Störung der Hämatopoese; Kaninchen: Gravidität	**Chinchilla:** 15–30 mg/kg p. o., s. c., i. m., 2 × tgl. **Frettchen:** 5 mg/kg p. o., 1 × tgl. (Pyelonephritis); 15–30 mg/kg p. o., s. c., 2 × tgl. **Gerbil:** 15 mg/kg p. o., 2 × tgl.; 30 mg/kg p. o., s. c., 1 × tgl. **Hamster:** 15–30 (–50) mg/kg p. o., s. c., i. m., 1–2 × tgl. **Kaninchen:** 15–30 mg/kg p. o., s. c., i. m., 2 × tgl.; 40 mg/kg p. o., 2 × tgl., bis 2 Wo.; 48 mg/kg s. c., 2 × tgl. **Maus:** 15–30 (–120) mg/kg p. o., s. c., i. m., 2 × tgl. **Meerschwein:** 15–30 mg/kg p. o., s. c., i. m., 2 × tgl. **Ratte:** 15–30 mg/kg p. o., s. c., i. m., 2 × tgl.; 48–96 mg/kg p. o., 1 × tgl.
leichtes Brennen nach Applikation ins Auge, Anstieg des intraokkulären Drucks (Glaukom!), verminderte Tränenproduktion	Glaukom, tachykarde Arrhythmie, mechanische Obstruktion des Magen-Darm-Trakts, Hypersensitivität gegen Pyridine	**Kaninchen:** 1 % Lsg., topisch am Auge **Kleinnager:** 1 % Lsg., topisch am Auge
Schock durch Histaminfreisetzung (besonders Hund), Hypotonie, Hautrötung, Tachykardie, Bronchokonstriktion, Laryngospasmus; ggf. toxisch beim Chinchilla, Vorsicht beim Hamster; **Igel:** Muskelnekrosen nach i. m.-Applikation mögl.	Glaukom, Hepato-, Nephropathien	**Chinchilla:** 10 mg/kg p. o., s. c., i. m., 1–2 × tgl. **Frettchen:** 5–10 mg/kg p. o., s. c., i. m., i. v., 2–3 × tgl. **Gerbil:** 10 mg/kg p. o., s. c., i. m., 1–2 × tgl.; 0,5 mg/ml Trinkwasser **Hamster:** 2–8 (–10) mg/kg p. o., s. c., i. m., 2 × tgl., bis 5 Tage; 0,065 mg/ml Trinkwasser, max. 3 Wo.; 0,5 mg/ml Trinkwasser **Igel:** 10 mg/kg p. o., s. c., 2 × tgl. **Kaninchen:** 10 mg/kg p. o., s. c., i. m., 1–2 × tgl.; 0,5 mg/ml Trinkwasser

Wirkstoff	Beispiele für Handelspräparate	Wirkung	Indikation
→ Tylosin			
Ursodeoxycholsäure (UDCA, Ursodiol)	Ursochol (150 mg/Tabl.) Ⓗ (Zambon), Ursofalk (250 mg/Kapseln, 50 mg/ml Susp. u. a.) Ⓗ (Falk) u. a.	natürliche, tertiäre Gallensäure, Steroid	chronische Hepatopathie, Auflösung von kleinen röntgennegativen Cholesterin-Gallensteinen
Vancomycin	Vanco-cell (500 mg Pulver zur Herstellung einer Inf.-Lsg.) Ⓗ (cell pharm) u. a.	Glykopeptid-Antibiotikum, bakterizides Schmalspektrumantibiotikum, Reserveantibiotikum	Infektionen durch grampositive Bakterien, Osteomyelitis a) MRSA-Keratitis
Verapamil	Isoptin (2,5 mg/ml Inj.-Lsg. u. a.) Ⓗ (Abbott), Verapamil (40 mg/Filmtabl. u. a., 2,5 mg/ml Inj.-Lsg.) Ⓗ (ratiopharm) u. a.	Calciumantagonist, Antiarrhythmikum (Sinustachykardie, Vorhofflattern)	Herzinsuffizienz: hauptsächlich supraventrikuläre Arrhythmien; Kaninchen: Reduktion postoperativer Adhäsionen
Vincristin	Vincristinsulfat (1 mg/ml Inj.-Lsg.) Ⓗ (Teva) u. a.	a) Zytostatikum, M-Phasen-spezifisch b) Immunsuppressivum	a) lymphatische Tumoren, Hämoblastosen b) Immunthrombozytopenie

Mögliche Nebenwirkungen, Besonderheiten	Kontraindikationen	Tierart, Dosierung
		Maus: 5–10 mg/kg p.o., s.c., i.m., 1–2 × tgl., bis 5 Tage; 0,065 mg/ml Trinkwasser, bis 14 Tage; 0,5 mg/ml Trinkwasser **Meerschwein:** 5–10 mg/kg p.o., s.c., i.m., 1–2 × tgl. **Ratte:** 10 mg/kg p.o., s.c., i.m., 1–2 × tgl.; 0,5 mg/ml Trinkwasser
Durchfall, Urtikaria	nicht bekannt	**Frettchen:** 15 mg/kg p.o., 2 × tgl.
nicht bekannt	nicht bekannt	**Kaninchen:** 50 mg/kg i.v., 3 × tgl.; 10 mg Vancomycin + 50 mg Copolymer (50 : 50 Poly(DL-Lactid-co-Glycolid), zu Perlen (∅ 8 mm) geformt und bei 55 °C komprimiert, lokal wirksam für 56 Tage a) topisch am Auge 0,3–1 %ige Lsg., alle 2 Std. für 10 Std. tgl., über 5 Tage
geringe Bioverfügbarkeit; Müdigkeit, Bradykardie, AV Block, Hypotonie, kardiogener Schock, Apathie	Bradykardie, Hypotension, AV-Block, dekompensierte Herzinsuffizienz, kardiogener Schock	**Hamster:** 0,25–0,5 mg/kg s.c., 2 × tgl. **Kaninchen:** 0,05–0,1–0,2 mg/kg s.c., langsam i.v., 3 × tgl., 9 Behandl.; 2,5–25 µg/kg/Std. i.p.; 0,6 mg/kg p.o., 3–4 × tgl.; 8–16 mg/kg p.o. + 0,5–2 mg/kg s.c., 1 × tgl.
Alopezie, Dermatitis, Erbrechen, Durchfall, Hepato-, Nephropathie, Störung der Hämatopoese, Immunsuppression	Leukopenie, Thrombozytopenie (Knochenmarksdepression), akute Infektionskrankheiten	**Frettchen:** 0,07 mg/kg streng i.v., ggf. Wdh. nach 1 Wo.; 0,12–0,2 mg/kg i.v.; 0,75 mg/m² i.v.

Wirkstoff	Beispiele für Handelspräparate	Wirkung	Indikation
Vitamin A (Retinol) 1 I. E. Vitamin A = 0,30 µg Retinol = 0,55 µg Vitamin-A-Palmitat	Bela-Monovit A (40 mg/ml Emulsion) Ⓥ (bela-pharm), kein veterinär- und humanmedizinisches Monoarzneimittel zur Injektion in Deutschland verfügbar	Vitamin	Vitamin-A-Mangel, zystische Akne, Hyperkeratose
Vitamin B_1 (Thiamin)	kein veterinärmedizinisches Monoarzneimittel in Deutschland verfügbar Vitamin B1-Injektopas (25 mg/ml Inj.-Lsg.) Ⓗ (Pascoe) u. a.	Vitamin	latente Hypothiaminose
Vitamin B_2 (Riboflavin, Lactoflavin)	kein veterinärmedizinisches Monoarzneimittel in Deutschland verfügbar Vitamin B_2 (10 mg/Tabl.) Ⓗ (mibe) u. a.	Vitamin	Dermatosen, Leberlipidose
Vitamin B_{12} (Cyanocobalamin)	kein veterinärmedizinisches Monoarzneimittel in Deutschland verfügbar Vitamin B_{12}-Injektopas (0,1 mg/ml Inj.-Lsg.) Ⓗ (Pascoe) u. a.	Vitamin	Anämie durch Vitamin-B_{12}-Mangel, evtl. Durchfall, Erbrechen, Stomatitis
Vitamin C (Ascorbinsäure)	kein veterinärmedizinisches Monoarzneimittel in Deutschland verfügbar Vitamin C (100 mg/Tabl.) Ⓗ (Pascoe), Vitamin C-Injektopas (150 mg/ml Inj.-Lsg.) Ⓗ (Pascoe) u. a.	Vitamin	a) **Meerschwein:** Vitamin-C-Mangel (Skorbut) b) **andere:** Radikalfänger

Mögliche Nebenwirkungen, Besonderheiten	Kontraindikationen	Tierart, Dosierung
Überdosierung: Apathie, Gewichtsverlust, Knochen-, Gelenkschmerzen, Hepatolipidose	Hypervitaminose A, Neugeborene	**Hamster:** 15–150 mg/kg (50–500 I. E./kg) i. m.; 2 µg Vitamin-A-Palmitat/g Futter **Kaninchen:** 150–300 mg/kg (500–1000 I. E./kg) i. m. **Igel:** 120 mg/kg (400 I. E./kg) i. m. **Meerschwein:** 0,02–0,2 mg/kg (50–500 I. E./kg) i. m.; 10 µg β-Carotin/g Futter
sehr hohe Dosis: Bradykardie; Vorsicht bei wiederholter i. v.-Applikation (Kreislaufkollaps möglich)	bei angegebener Dosierung keine bekannt	**Frettchen:** 1–2 mg/kg i. m., nach Bedarf **Kleinnager:** 2–20 mg/kg s. c., i. m.; 1 mg/kg Futter
nicht bekannt	nicht bekannt	**Kleinnager:** 0,04–0,4 mg/kg s. c., i. m.
nicht bekannt; evtl. Unverträglichkeitsreaktionen	nicht bekannt	**Igel:** 20 µg/kg s. c, 1× tgl., über 1–10 Tage **Kleinnager:** 2–20 µg/kg s. c, i. m.
nicht bekannt	nicht bekannt	**Frettchen:** b) 50–100 mg/kg p. o., 2 × tgl. (ergänzend bei Lymphomtherapie) **Igel:** a) 50–200 mg/kg p. o., s. c., 1 × tgl.; 1 mg/ml Trinkwasser (täglich wechseln) **Kaninchen:** b) 100 mg/kg p. o., 2 × tgl. **Meerschwein:** a) 20–200 mg/kg p. o., s. c., i. m.; Prophylaxe: 10–30 mg/kg p. o., s. c., i. m., 1 × tgl.; 0,2–0,4 mg/ml Trinkwasser

Wirkstoff	Beispiele für Handelspräparate	Wirkung	Indikation
Vitamin D_3 (Cholecalciferol) (1 I. E. Vitamin D_3 = 0,025 µg)	Ursovit D_3 (0,5 mg/ml Lsg., 25 mg/ml Inj.-Lsg.) Ⓥ (MEDISTAR, Serumwerk Bernburg), Vitamin D_3 (25 mg/ml Inj.-Lsg.) Ⓥ (bela-pharm, CP-Pharma, MEDISTAR, Serumwerk Bernburg)	Vitamin	Osteomalazie, Rachitis
Vitamin E (α-Tocopherolacetat) (1 I. E. = 1 mg DL-α-Tocopherolacetat) + Selen (1 mg = 3 mg Natriumselenit)	Vitamin E-Selen (100 mg + 0,66 mg Natriumselenit/ml Inj.-Lsg.) Ⓥ (CP-Pharma, MEDISTAR, Serumwerk Bernburg), Vitamin-E-Selen (150 mg + 1,1 mg Natriumselenit/ml Inj.-Lsg.) Ⓥ (ani-Medica) u. a.	Vitamin E: Vitamin Selen: Spurenelement, Bestandteil der selenabhängigen Glutathionperoxidase	Vitamin-E-Mangel, Muskeldystrophie (bes. Jungtiere), Steatitis, Retinadystrophie
Vitamin K_1 (Phytomenadion)	Vitamin K1 Laboratoire TVM (10 mg/ml Inj.-Lsg., 50 mg/Filmtabl.) Ⓥ (Albrecht)	Vitamin	Cumarinvergiftung, Resorptionsstörung Darm, Vergiftung mit a) Rodentizid 1. Generation b) Rodentizid 2. Generation c) unbekanntes Antikoagulanz

Mögliche Nebenwirkungen, Besonderheiten	Kontraindikationen	Tierart, Dosierung
Überdosierung: Entmineralisierung der Knochen, Hyperkalzämie, Hyperphosphatämie, Kalzifizierung von Geweben (besonders Niere)	D_3-Hypervitaminose	**Chinchilla:** 200–400 I. E./kg s.c., i.m., 1 × tgl., über 1 Wo. **Kleinnager:** 200–400 I. E./kg s.c., i.m.
nicht bekannt	Vitamin E: nicht bekannt Selen: Selenintoxikation	**Kleinnager:** 27,2–68 mg Vitamin E + 0,4–1 mg Natriumselenit/kg s.c. **Meerschwein:** 50 mg/kg p.o., 1 × tgl.
nicht bekannt	nicht bekannt	**Chinchilla:** 1–10 mg/kg p.o., i.m., 1 × tgl., über 4–6 Tage **Frettchen:** 1–10 mg/kg i.m. a) initial 2,5 mg/kg s.c., anschl. 1–2,5 mg/kg/d p.o., aufgeteilt auf 2–3 Einzeldosen, über 5–7 Tage b) initial 5 mg/kg s.c., anschl. 2,5 mg/kg/d p.o., aufgeteilt auf 2–3 Einzeldosen, über 3 Wo. c) initial 2,5–5 mg/kg s.c., anschl. 2,5 mg/kg/d p.o., aufgeteilt auf 2–3 Einzeldosen, über 3–4 Wo. **Gerbil:** 1–10 mg/kg i.m., über 4–6 Tage **Hamster:** 1–10 mg/kg i.m., 1 × tgl., über 4–6 Tage **Igel:** 10 mg/kg s.c., 1 × tgl., über 5 Tage **Kaninchen:** 1–10 mg/kg i.m., nach Bedarf **Maus:** 1–10 mg/kg i.m., 1 × tgl., über 4–6 Tage

Wirkstoff	Beispiele für Handelspräparate	Wirkung	Indikation
→ Vitamin K_1 (Phytomenadion)			
Wismut(sub)salicylat (Bismuthsubsalicylat)	kein veterinär- oder humanmedizinisches Arzneimittel in Deutschland verfügbar	Adstringens, Antidiarrhoikum, Adsorbens	enterotoxinbedingte Diarrhoe, Magenschutz, gastrointestinale Ulzera
Xylazin	Rompun (20 mg/ml Inj.-Lsg.) Ⓥ (Bayer Vital), Xylazin 20 mg/ml Ⓥ (aniMedica, CEVA MEDISTAR, Serumwerk Bernburg, WDT) u. a.	α_2-Sympathomimetikum, Sedativum, Analgetikum, Muskelrelaxans	Analgesie, Sedation, ggr. Muskelrelaxation
Xylazin + Alfaxalon s. Alfaxalon			
Xylazin + Ketamin s. Ketamin			
Xylazin + Tiletamin + Butorphanol s. Tiletamin			
Yohimbin	Yocon-Glenwood (5 mg/Tabl.) Ⓗ (Glenwood)	α_2-Antagonist, Blutsenkung, Sympatholytikum	Aufhebung der Wirkung von Xylazin oder Amitraz
Zanamivir	Relenza Rotadisk (5 mg Pulver/Einzeldosis) Ⓗ (GlaxoSmithKline)	Neuraminidasehemmer	Influenza
Zolazepam s. Tiletamin			

Mögliche Nebenwirkungen, Besonderheiten	Kontraindikationen	Tierart, Dosierung
		Meerschwein: 1–10 mg/kg i.m., 1 × tgl., über 4–6 Tage **Ratte:** 1–10 mg/kg i.m., über 4–6 Tage
Schwarzfärbung der Faeces	Ileus	**Frettchen:** 6–17,5 mg/kg p.o., 2–3 × tgl.
anfangs Hyper-, dann Hypotonie; Hypoxie, Bradykardie, Arrhythmie; Diurese, Tympanie, Erbrechen, Durchfall, Atemdepression, Hypothermie, Mydriasis, Ptosis, Hyperglykämie	Gravidität, Herzinsuffizienz, Atemdepression, Schockgefahr, Diabetes mellitus; **Frettchen:** Vorsicht bei kranken Tieren	**Chinchilla:** 2–4 (–8) mg/kg i.m. **Frettchen:** 1 (–2) mg/kg s.c., i.m. (Immobilisation in 3–5 min. bei hoher i.m.-Dosis); zur Beruhigung: 0,1–0,5 mg/kg s.c., i.m. **Gerbil:** 2 mg/kg i.p. **Hamster:** 8–10 mg/kg i.p. **Igel:** 0,5–1 mg/kg i.m.; 3–6 mg/kg s.c.; Kombination mit Ketamin empfehlenswert **Kaninchen:** 1–5 mg/kg s.c., i.m. **Maus:** 13 mg/kg i.p. **Meerschwein:** 8–10 mg/kg i.p. **Ratte:** 1–2 mg/kg s.c.
Hypertonie, Tachykardie, Unruhe, Anorexie, Erbrechen	Gravidität, Laktation, Herzinsuffizienz	**Frettchen:** 0,2 mg/kg i.v.; 0,5 mg/kg i.m. **Igel:** 0,5–1 mg/kg i.m. **Kaninchen:** 0,2–1 mg/kg i.m., i.v., ggf. Wdh.; 0,5–1 mg/kg i.m. **Kleinnager:** 0,5–1 mg/kg i.v. **Maus:** 0,5–1 mg/kg i.v.; 0,2 mg/kg i.p., ggf. Wdh. **Ratte:** 0,5–1 mg/kg i.v.; 0,2 mg/kg i.p., ggf. Wdh.
nicht bekannt	nicht bekannt	**Frettchen:** 12,5 mg/kg intranasal; Inhalation: 0,3–1 mg/kg, 2 × tgl.

Infusionslösungen, Volumenersatz

Angaben zu Infusionslösungen und Volumenersatz sind in der Literatur bisher noch lückenhaft. Menge und Art der Infusionslösungen entsprechen bei den Heimtieren grundsätzlich denjenigen für Hund und Katze. Die Infusionen erfolgen intravenös (i.v.: *V. cephalica, V. saphena, V. jugularis, V. auricularis, V. caudalis*). Isotonische Lösungen können auch subkutan (s.c.), intraperitoneal (i.p.) oder intraossär (i.o.) verabreicht werden.

Tipps

- Verluste sind zumeist isoton. Zum Ausgleich einer Dehydratation werden zumeist gepufferte Kristalloide eingesetzt. Bei gepufferten Lösungen ist Acetat zu bevorzugen, da es u.a. neben der Leber auch in Muskulatur und Myokard abgebaut und so auch bei Leberproblemen und diabetischer Ketoazidose eingesetzt werden kann.
- Je nach Blutbefunden müssen ggf. Elektrolyte und/oder Glukose zugesetzt werden (bei Herbivoren Glukoselösung nur bei nachgewiesener Hypoglykämie, da die Gefahr einer Dehydratation und ggf. einer diabetischen Ketoazidose besteht). Bei erhöhtem intrakranialem Druck und/oder Hypochlorämie sollte NaCl eingesetzt werden; bei Schock und stärkerem Proteinverlust (Hypalbuminämie) Kolloide (HES, Plasma, Vollblut, Albumin 20 %, Dextran, Oxyglobin).

Routen

Route	Punktionsstelle	Indikation	Beachte
intravenös (i. v.)	*V. saphena lateralis* (alle); *V. saphena medialis* (Ratte); *V. cephalica* (alle); zentraler Venenwinkel (*V. cava cranialis*); (Meerschwein, Ratte, Maus); *V. jugularis* (Frettchen, Chinchilla); *V. caudalis* (Ratte, Maus, Chinchilla)	Schock, starke Dehydratation; schwere Erkrankungen (Niereninsuffizienz, Sepsis, Pankreatitis); schnelle Gabe von großen Mengen an Flüssigkeit, DTI (konstante Gabe über einen längeren Zeitraum)	hypertone Lösungen möglich (NaCl 7,5 %)
subkutan (s. c.)	alle: seitlich Bauchwand (Nackenbereich meiden – Abszessgefahr)	Therapie bei kleinen Tieren	nicht im Schock und bei starker Dehydratation; keine hypertonen, kaliumhaltigen oder glukosehaltigen Lösungen; keine Kolloide
intraperitoneal (i. p.)	umbilikal	wenn kein anderer Zugang möglich	keine hypertonen, kaliumhaltigen oder glukosehaltigen Lösungen; keine Kolloide
intraossär (i. o.)	*Tuberositas ossis femur*; Tibiaschaft	bei kleinen/jungen Tieren, wenn kein Venenzugang möglich	alle Lösungen möglich; mit Spritze oder Druckbeutel (300 mmHg)

Berechnung der Infusionsmenge

Generell gelten folgende Infusionsmengen:
Erhaltung (50 ml/kg/Tag) + Defizit (Dehydratationsgrad) + Verlust = Infusionsmenge (Tagesdosis) verteilt auf 2 × pro Tag s. c. oderi. v. per DTI.
Kleinere Tiere haben einen höheren Erhaltungsbedarf, der sich aus dem metabolischen Gewicht (Gewicht^{0,75}) ergibt.

Infusionstherapie – Berechnung

Beispiel: Kaninchen, 3 kg, 5 % Dehydratation, Anorexie und Durchfall seit 3 Tagen

	Berechnung	Infusionsmenge
Erhaltung	50 ml/kg/Tag × 3 kg	= 150 ml/Tag
Defizit (Dehydrationsgrad)	5 % × 3 kg = 0,15 kg	= 150 ml/Tag (24 Std. Therapiedauer)
Verluste (geschätzt)	50 ml/Tag Durchfall (geschätzt)	= 50 ml/Tag
gesamt = 350 ml/Tag Vollelektrolyt-Lsg. auf 2 × s.c. oder i.v. = 14,6 ml/Std. = 0,24 ml/min = 5 Tr./min (1 ml = 20 Tr.) + K ad 20 mval/l (bei K < 3,5 mmol/l ; nur i. v.); Rehydratation über 12–24 Std.		

Infusionstherapie – Schätzung nach Dehydratationsgrad

geringgradig (4–6 %): 6–8 ml/100 g KM, entspr. 60–80 ml/kg KM
mittelgradig (6–8 %): 8–12 ml/100 g KM, entspr. 80–120 ml/kg KM
hochgradig (> 8 %): 12–15 ml/100 g KM, entspr. 120–150 ml/kg KM

Beurteilung der Dehydratation

% Dehydratation	Klinische Parameter
< 5 %	klinisch nicht feststellbar (Anamnese)
5–6 %	leicht verzögerter Hautturgor
6–8 %	deutlich verzögerter Hautturgor, trockene Schleimhäute
10–12 %	Hautfalte bleibt stehen, eingesunkene Bulbi oculi, Perfusionsstörungen
12–15 %	Schock lebensbedrohlich
Laborparameter für Dehydratation	1. Gesamteiweiß ↑ 2. Hämatokrit ↑ 3. urinspezifisches Gewicht ↑ 4. Natrium ↑

Dehydratationsausgleich

- Rehydratation innerhalb von 6–8 Stunden bei akutem Verlust
- Rehydratation über 12–24 Stunden bei chronischem Verlust
- abhängig von:
  - Zeitraum, in welchem die Dehydratation entstanden ist
  - Herzerkrankung
  - Alter des Tieres
  - Albuminkonzentration

Infusion im Schock

- i. v. kristalloide Lsg. (Vollelektrolyt-Lsg.): Bolus: 10–15 ml/kg über 10–15 min i. v., ggf. Wiederholung; wenn Kreislaufparameter normal weiter mit DTI
- Volumenmangel-/Endotoxinschock: i. v. hypertone NaCl (7 %) 4 ml/kg über 10 min
- Hypalbuminämie: i. v. kolloide Lsg. (HES): initial: Bolus (2–)5 ml/kg, ggf. Wiederholung bis KFZ, HF, Körpertemperatur o. k. (max. 20 ml/kg/d)

Gruppe	Wirkstoff	Beispiele für Handelspräparate	Wirkung
Kristalloide	Ringer-Lösung	Ringer-Lösung Ⓗ (Serumwerk Bernburg u. a.), Ringer-Lactat-Lösung Ⓥ (Albrecht, B. Braun, WDT), mit Mg-Zusatz: Sterofundin Ⓗ (B. Braun), Sterofundin ISO Ⓗ (B. Braun), Tutofusin Ⓗ (Baxter), mit Acetat als Laktatersatz: Ringer-Acetat-Lösung Ⓗ (Berlin-Chemie u. a.)	Vollelektrolyt
	Glukose	a) Glukose-Lsg. 5-, 10%ig: Glucose-Lsg. 5 % Ⓥ (B. Braun u. a.), Glucose-Lösung 10 % Ⓥ (bela-pharm) b) Glukose-Lsg. 20–50%ig: Glucose-Lösung 20 % Ⓥ (bela-pharm u. a.), Glucose-Lösung 40 % Ⓥ (Albrecht, B. Braun)	Kohlehydrat
	Natriumchlorid, isoton	isotone Natriumchlorid-Lsg. 0,9%ig: isotonische Natriumchlorid-Lsg. Ⓥ (Selectavet u. a.) Natriumchlorid-Lsg. 7,5%ig, 10%ig: hypertone Natriumchlorid-Lösung. 7,5 g/100 ml Ⓥ (B. Braun u. a.), Natriumchlorid-Lösung 10 % Ⓗ (DELTAMEDICA u. a.)	Elektrolyt

Indikation	Anmerkung	Dosis
Volumenverlust, Elektrolytverlust, ggr. Alkalosen, isotone oder hypotone Dehydratation	Extravasation nach ca. 30 min, Vollelektrolytlösung nicht anwenden bei Hyperhydratation; Vorsicht bei Herzinsuffizienz, Lungenödem, Niereninsuffizienz, Hypernatriämie, Hyperchlorämie	Bolus 10–20 ml/kg in 10 min, Berechnung gewichtsabhängig; **alle:** Erhalt (50 ml/kg/Tag) + Defizit + Verlust (gesamt 50–150 ml/kg/Tag) s. c., i. v., i. p.
a) Volumenverlust (**nicht bei Herbivoren!**) b) Energiesubstitution bei Hypoglykämie (bei **Herbivoren** nur bei Hypoglykämie!)	kontraindiziert bei Schädel-Hirn-Trauma: enthalten freies Wasser, das in die Zelle wandert (Osmose) und zu Zellschwellung und -zerreißung führt; bei normo- und hyperglykämischen **Herbivoren** Gefahr der intrazellulären Dehydratation und ggf. diabetischen Ketoazidose	a) Erhaltungsbedarf Ringer-Lsg.: Glukose-Lsg. = 1 : 1 i. v. (DTI), s. c. oder 5%ige Glukose-Lsg. im Trinkwasser b) Hypoglykämie (Welpen, Sepsis, Insulinom): 50%ige Glukose 0,5–1 mg/kg i. v. (in Vollelektrolyt)
a) kurzfristiger, intravasaler Volumenersatz, hypo-, isotone Dehydratation, Wundbehandlung, Trägersubstanz für Arzneimittel b) Hypernatriämie, Hyperhydratation		**alle:** a) Chloridionen (mmol/l/Patient) = + BE × 0,3 × kg s. c., i. v. b) abhängig vom Serumionogramm und vom Dehydratationsgrad (Kontrolle durch Ionogramm), Richtwert: 1 ml/kg/min

Gruppe	Wirkstoff	Beispiele für Handelspräparate	Wirkung
→ Kristalloide	Natriumchlorid, hyperton	hypertone Natriumchlorid-Lsg. (NaCl 5,85 %): Natriumchlorid-Lösung. 5,85 % Ⓗ (B. Braun u. a.)	Volumeneffekt, verbessert O_2-Versorgung, vermindert Zellschwellung, Vasodilatation, antiinflammatorisch
Kolloide	Hydroxyethylstärke (HES, HAES)	Venofundin Ⓗ (B. Braun) u. a.	isotone Lsg.
	Hydroxyethylstärke (HES, HAES)	Hyper-HAES Ⓗ (Fresenius Kabi)	hypertone Lsg.
	Mannitol	Mannitol-Infusionslösung (10 %,15 %, 20 %) Ⓗ (Serumwerk Bernburg) u. a.	hypertone Lsg.
orale Lösungen	Glukose	WHO-Lösung: Elotrans Ⓗ (STADA)	Elektrolyt

Indikation	Anmerkung	Dosis
hgr. Hypovolämie, Endotoxinschock, refraktäre Hypotonie a) Alkaloseausgleich b) Natrium-, Chloridsubstitution: Erbrechen, hypotone Dehydratation, Hyperkalzämie, Hyperkaliämie, Hypadrenokortizismus, (Volumensubstitution) c) hyponatriämische, hypochlorämische Schockzustände, akute Addison-Krise	nicht bei hyponatriämischer Dehydratation, kardiogenem Schock, Nierenversagen, unkontrollierter Hämorrhagie	3–5 ml/kg i.v., in 15 min (max. 1 ml/kg/min), danach isotone Lsg.
Volumenverlust, Plasmaexpander bei Proteinverlust	Gabe nur i. v., i. o.; Extravasation nach ca. 4 Std.	3–5–(10) ml/kg, max. 50 ml/kg/Tag
	Gemisch aus NaCl 7,2 % und HAES 6 %, schnelle intravasale Volumenexpansion, lang anhaltend (mehrere Stunden), ersetzt nicht den Flüssigkeitsverlust	3–5 ml/kg
	osmotische Diurese, reduziert den Hirninnendruck, erhöht das Plasmavolumen, Radikalfängerfunktion, verbesserte Rheologie → erhöht zerebralen Blutfluss → O_2-Verfügbarkeit	0,25–1 g/kg/Std., bis 0,3 g/kg/Std.
orale Rehydratation, durchfallbedingte Wasser- und Elektrolytverluste	bei adulten Herbivoren nicht sinnvoll (Dysbiosegefahr)	ad libitum oder per Nasen-/Magensonde nach parenteraler Rehydratation

Impfung bei Kleinsäugern

Nach **§ 11 Tiergesundheitsgesetz (TierGesG)** dürfen Impfstoffe nur angewendet werden, wenn sie vom Friedrich-Löffler-Institut (FLI) oder vom Paul-Ehrlich-Institut (PEI) zugelassen worden oder ihr Inverkehrbringen durch einen Rechtsakt der Europäischen Gemeinschaft genehmigt worden ist.
→ Liste der zugelassenen Tierimpfstoffe unter www.pei.de („Tierärzte" – „Mittel"– gesuchte Tierart auswählen) (s. auch Tab. 2, 3)
Steht für die betreffende Tierart kein zugelassener oder genehmigter Impfstoff zur Verfügung, können nach § 11 Absatz 6 Nr. 2 TierGesG im Einzelfall Ausnahmen von der obersten Landesbehörde (z. B. Bayerisches Staatsministerium für Umwelt, Gesundheit und Verbraucherschutz) genehmigt werden.

„Umwidmung" von Impfstoffen

Für Kleinsäuger gibt es nur eine begrenzte Anzahl an Impfstoffen. Es stellt sich also die Frage, ob ein Impfstoff bei einer anderen als der zugelassenen Tierart angewendet werden darf.
Tierimpfstoffe sind nach § 4a Nr. 1 Arzneimittelgesetz (AMG) vom Anwendungsbereich desselben ausgenommen. Daher regelt das Tiergesundheitsgesetz (TierGesG) in Verbindung mit der Tierimpfstoffverordnung (TierImpfStV) die Belange von Tierimpfstoffen. Eine Umwidmung von Tierimpfstoffen analog zur Umwidmung von Arzneimitteln für Tiere gemäß § 56a AMG sieht weder das Tiergesundheitsgesetz noch die Tierimpfstoffverordnung vor, verbietet es aber auch nicht ausdrücklich. Einzig der § 11 des Tiergesundheitsgesetzes schränkt die Verwendung nicht zugelassener Impfstoffe ein, gibt aber der zuständigen obersten Landesbehörde im § 11 Abs. 6 TierGesG die Möglichkeit, **Ausnahmen** von Absatz 1 Satz 1 zuzulassen:

- Nach § 11 Absatz 6 Nr. 1 TierGesG kann die oberste Landesbehörde Ausnahmen im Einzelfall für Tiere oder Erzeugnisse von Tieren, die ausgeführt werden, genehmigen, sofern das Einfuhrland die Anwendung bestimmter Sera, Impfstoffe oder Antigene fordert oder wenn die Anwendung zum Schutz dieser Tiere außerhalb des Geltungsbereichs dieses Gesetzes geboten erscheint und Belange der Tierseuchenbekämpfung nicht entgegenstehen.

- Nach § 11 Absatz 6 Nr. 2 TierGesG kann die oberste Landesbehörde Ausnahmen für die Abgabe und Anwendung von Impfstoffen, die im Einzelfall von einem Tierarzt für die von ihm behandelten Tiere bezogen werden, zulassen, soweit
  - für die Behandlung ein zugelassener oder genehmigter Impfstoff oder ein in wissenschaftlichen Versuchen (§ 11 Abs. 5 Nr. 1 und 2 TierGesG) zu erprobender Impfstoff für Tiere der betreffenden Tierart nicht zur Verfügung steht,
  - der Impfstoff in einem anderen Staat zur Anwendung bei Tieren der betreffenden Tierart zugelassen ist,
  - die notwendige immunprophylaktische Versorgung der Tiere sonst ernstlich gefährdet wäre und
  - eine unmittelbare oder mittelbare Gefährdung der Gesundheit von Mensch oder Tier nicht zu befürchten ist.

Die Sondergenehmigungsregelung gilt entsprechend für die Einfuhr von Impfstoffen, die für die entsprechende Tierart in einem anderen Land zugelassen sind (z. B. Einfuhr von RHDV-2-Impfstoffen aus dem Ausland vor Zulassung in Deutschland).
In Deutschland verfügbare Tierimpfstoffe mit nationaler oder europäischer Zulassung (z. B. Staupeimpfstoff für Frettchen) dürfen im Fall eines Therapienotstandes (z. B. drohende Staupeinfektion von Stinktieren oder Waschbären in Obhut des Menschen) auch weiterhin durch den Tierarzt für die von ihm behandelten Tiere in seiner Verantwortung „umgewidmet" werden (Stellungnahme der Bundesregierung zum TierGesG [Bundesrat Drucksache 116/15 vom 18.03.2015]; Stellungnahme zur Umwidmung von immunologischen Tierarzneimitteln der StiKo Vet vom 08.01.2018).
Laut **Handlungsempfehlungen der StiKo Vet** (2018; Auszüge siehe unten) verbleibt das Risiko einer zulassungsüberschreitenden Anwendung von immunologischen Tierarzneimitteln und somit auch die Haftung bis auf Weiteres beim behandelnden Tierarzt.

- Die Notwendigkeit der Anwendung muss im Einzelfall geprüft und als unerlässlich festgestellt sein (reales Gefährdungspotenzial, krankheitsbedingte Leistungseinbußen, aktuelle Gefährdungssituation).
- Es darf keine sinnvolle Alternative zur Verfügung stehen (andere zugelassene Impfstoffe oder umsetzbare Therapiemöglichkeiten, Feldversuche).
- Die zulassungsüberschreitende Anwendung muss dem Stand der tierärztlichen Kunst entsprechen (Fachliteratur, Empfehlungen, Warnhinweise).
- Tierhalteraufklärung (Aufklärungsformular empfohlen).

Die Verabreichung von „umgewidmeten Impfstoffen" sollte immer mit Vorsicht und unter strenger Überwachung erfolgen!

Bei der Anwendung eines Impfstoffes bei einer anderen als der zugelassenen Tierart sollte immer berücksichtigt werden, dass sowohl die Wirkung als auch die potenziellen Nebenwirkungen nur für die Tierart im Rahmen des Zulassungsverfahren überprüft wurden, für die der Impfstoff zugelassen ist. Andere Tierarten können völlig anders auf den/die Impferreger (z. T. Krankheitsausbrüche), die Adjuvanzien und die sonstigen Bestandteile des Impfstoffes (bis hin zu anaphylaktischen Reaktionen) reagieren.

Einfuhr von Impfstoffen

Impfstoffe mit Zulassung in Deutschland oder Europa:
Für die Anwendung von Impfstoffen, die für die entsprechende Tierart eine zentrale oder dezentrale Zulassung (zentral = alle EU-Mitgliedsstaaten; dezentral = mehrere EU-Staaten incl. Deutschland) haben, ist keine Ausnahmegenehmigung für die Einfuhr nach § 11 Abs. 6 Nr. 2 TierGesG erforderlich (Impfstoffe mit EU-Zulassung siehe unter www.ema.europa.eu und dort unter den Rubriken „Find medicine" – „Veterinary medicines" – „Browse A–Z" oder „Keyword search" oder „Browse by species", Impfstoffe mit dezentraler Zulassung siehe unter http://mri.cts-mrp.eu/veterinary).
Steht für die entsprechende Tierart jedoch kein zugelassener Impfstoff in Deutschland zur Verfügung, kann bei der obersten Landesbehörde eine Ausnahmegenehmigung beantragt werden.
Anmerkung: Zum Zeitpunkt der Drucklegung des Buches besaß kein Impfstoff für Frettchen, Kleinnager oder Igel eine europäische Zulassung. Für Kaninchen existieren sowohl zentral als auch dezentral zugelassene Impfstoffe.

Nach § 11 Absatz 6 Nr. 2 TierGesG kann die oberste Landesbehörde Ausnahmen für die Abgabe und Anwendung von Impfstoffen, die im Einzelfall von einem Tierarzt für die von ihm behandelten Tiere bezogen werden, zulassen, soweit für die Behandlung ein zugelassener oder genehmigter Impfstoff oder ein in wissenschaftlichen Versuchen (§ 11 Abs. 5 Nr. 1 und 2 TierGesG) zu erprobender Impfstoff für Tiere der betreffenden Tierart nicht zur Verfügung steht.

Impfstoffe ohne Zulassung für Deutschland (EU ges.):
Für die Einfuhr und Verwendung eines Impfstoffes (z. B. RHDV-2-Impfstoff für Kaninchen vor Zulassung in Deutschland) mit Zulassung in einem anderen EU-Mitgliedstaat oder einem Staat, der Vertragspartei des Abkommens über den Europäischen Wirtschaftsraum (dazu gehört nicht die Schweiz) ist, ist nach Aussage des Bayerischen Staatsministeriums für Umwelt, Gesundheit und Verbraucherschutz (persönliche Mitteilung

2007) nach § 11c Abs. 6 Nr. 2 TierGesG die Erteilung einer Ausnahmegenehmigung für die Verwendung eines Impfstoffen möglich, wenn die übrigen in Absatz 6 genannten Anforderungen erfüllt werden. Darüber hinaus ist die Anwendung nur in Einzelfällen möglich, d.h. nur für eine bestimmte Anzahl Tiere, die bereits bei der Antragstellung benannt werden muss. Die Ausnahmegenehmigung gestattet nicht die generelle Bevorratung des Impfstoffes und dessen beliebige Verwendung. Weiter ist es zwingend erforderlich, dass der Impfstoff nur bei der Tierart zur Anwendung kommt, für die er zugelassen ist.
Die Antragstellung erfolgt formlos bei der zuständigen obersten Landesbehörde und muss folgende Information beinhalten:

- Begründung der geplanten Impfkampagne,
- Impfplan,
- Leiter der Impfkampagne,
- verantwortliche Impftierärzte,
- genaue Anzahl der Tiere,
- Angabe der Tierart,
- Benennung des zu verwendenden Impfstoffes,
- das Chargenprüfprotokoll.

Wenn alle Anforderungen erfüllt sind, kann – nachdem das Benehmen mit dem Paul-Ehrlich-Institut hergestellt wurde – eine Ausnahmegenehmigung erteilt werden.
Für die **Einfuhr des Impfstoffes aus einem Drittland**, das nicht Vertragsstaat des Abkommens über den Europäischen Wirtschaftsraum ist, bedarf es einer Einfuhrerlaubnis nach § 38 der Tierimpfstoffverordnung. Zuständige Behörde hierfür ist die jeweilige Kreisverwaltungsbehörde (z.B. Regierung von Oberbayern). Informationen hinsichtlich der Anforderungen an den Einführer können der genannten Verordnung entnommen werden. Bei der Einfuhr aus Drittländern oder dem innergemeinschaftlichen Verbringen von Impfstoffen, die vermehrungsfähige Tierseuchenerreger enthalten, wäre darüber hinaus eine tierseuchenrechtliche Einfuhrgenehmigung der obersten Landesbehörde auf der Grundlage der Tierseuchenerreger-Einfuhrverordnung erforderlich.
Zugelassene Impfstoffe für Kaninchen können der Tab. 2 entnommen

werden. Für Kleinnager gibt es derzeit keinen zugelassenen Impfstoff. Zugelassene Impfstoffe für Frettchen sind in der Tab. 3 aufgelistet.

Tab. 2 Zugelassene Impfstoffe für Kaninchen (Stand der Information: November 2017, www.pei.de).

Bezeichnung	Krankheit	Zulassungsinhaber	Tierart
Cunivak COMBO	Myxomatose, Rabbit Haemorrhagic Disease (RHD)	IDT Biologika	Kaninchen
Cunivak ENT	Clostridium perfringens Typ A – Toxoidimpfstoff	IDT Biologika	Kaninchen
Cunivak JET	Myxomatose	IDT Biologika	Kaninchen
Cunivak MYXO	Myxomatose	IDT Biologika	Kaninchen
Cunivak PAST	Kaninchenschnupfen	IDT Biologika	Kaninchen
Cunivak RHD	Rabbit Haemorrhagic Disease (RHD)	IDT Biologika	Kaninchen
Dercunimix (∅)	Myxomatose, Rabbit Haemorrhagic Disease (RHD)	Boehringer Ingelheim	Kaninchen
Eravac	Rabbit Haemorrhagic Disease (RHD)	Laboratorios Hipra S.A., Espana	Kaninchen
Filavac VHD K C+V	Rabbit Haemorrhagic Disease (RHD)	FILAVIE, France Roussay	Kaninchen
Lapimed Myxo ID (∅)	Myxomatose	Boehringer I ngelheim	Kaninchen
Lapimed RHD (∅)	Rabbit Haemorrhagic Disease (RHD)	Boehringer Ingelheim	Kaninchen
Nobivac Myxo-RHD	Myxomatose, Rabbit Haemorrhagic Disease (RHD)	Intervet International BV, Niederlande	Kaninchen
RIEMSER Myxomatose-Vakzine (∅)	Myxomatose	Ecuphar NV	Kaninchen
RIKA-VACC Duo	Myxomatose, Rabbit Haemorrhagic Disease (RHD)	Ecuphar NV	Kaninchen

Bezeichnung	Krankheit	Zulassungs-inhaber	Tierart
RIKA-VACC RHD	Rabbit Haemorrhagic Disease (RHD)	Ecuphar NV	Kaninchen
RIKA-VACC Myxo sc	Myxomatose	Ecuphar NV	Kaninchen

∅ nicht im Handel (nach Information von VETIDATA)

Tab. 3 Zugelassene Impfstoffe für Frettchen (Stand der Information: November 2017, www.pei.de).

Bezeichnung	Krankheit	Zulassungs-inhaber	Tierart	Immunitätsdauer Frettchen*
Febrivac Dist	Staupe	IDT Biologika	Frettchen u.a.	1 Jahr
Nobivac T	Tollwut	Intervet	Frettchen u.a.	1 Jahr
Rabisin	Tollwut	Boehringer Ingelheim	Frettchen u.a.	1 Jahr
Versiguard Rabies	Tollwut	Zoetis	Frettchen u.a.	1. Impfung ab 12 Wochen, 2. Impfung ein Jahr später, danach alle 2 Jahre

* Die Immunitätsdauer der Tollwutkomponenten der Veterinärimpfstoffe richtet sich auch bei Frettchen nach der jeweiligen Zulassung (siehe Übersichtliste unter „Hundeimpfstoffe" [www.pei.de], Stand: November 2017)

Arzneimittelspezialitäten

Präparat	Zulassung	Wirkstoff
Abseamed	Ⓥ	Epoetin alfa
Aciclovir	Ⓗ	Aciclovir
Acridinpulver	Ⓥ [F] [K] [Kln]	Ethacridinlactat
Acridinsalbe	Ⓥ [F] [K] [Kln]	Ethacridinlactat
Adrenalin	Ⓗ	Adrenalin (Epinephrin)
Adrimedac	Ⓗ	Doxorubicin
Advantage	Ⓥ	Imidacloprid
Advantix	Ⓥ	Imidacloprid + Permethrin
Advocate	Ⓥ [F]	Imidacloprid + Moxidectin
Afpred	Ⓗ	Theophyllin
Albendazol	Ⓥ	Albendazol
Albiotic	Ⓥ	Lincomycin
Alfaxan	Ⓥ	Alfaxalon
Alfentanil	Ⓗ	Alfentanil
Alizin	Ⓥ	Aglepriston
Alvegesic vet.	Ⓥ	Butorphanoltartrat
Amantadin	Ⓗ	Amantadin
AmBisome	Ⓗ	Amphotericin B
Amikacin	Ⓗ	Amikacin
Amodip	Ⓥ	Amlodipin
Amox 15 %	Ⓥ	Amoxicillin
Amox 50	Ⓥ	Amoxicillin
Amoxiclav	Ⓥ	Amoxicillin + Clavulansäure
Ampho-Moronal	Ⓗ	Amphotericin B
Amphotericin B	Ⓗ	Amphotericin B

Präparat	Zulassung	Wirkstoff
Ampi-Dry	Ⓥ	Ampicillin
Ampicillin-t	Ⓥ	Ampicillin
Ampicillin-Dosierer	Ⓥ	Ampicillin
Ampitab	Ⓥ	Ampicillin
Ancesol	Ⓥ	Chlorphenamin
Anexate	Ⓗ	Flumazenil
anifertil N	Ⓥ	Chlormadinonacetat
Anipracid	Ⓥ	Praziquantel
Antacidum	Ⓗ	Aluminiumhydroxid
Antisedan	Ⓥ	Atipamezol
Antra	Ⓗ	Omeprazol
Apomorphinhydrochlorid-Lösung 0,5 %	Ⓥ	Apomorphin
Arimidex	Ⓗ	Anastrozol
Arthrisel	Ⓥ	Phenylbutazon
Ascapilla	Ⓥ	Fenbendazol
Asparaginase	Ⓗ	L-Asparaginase
ASS	Ⓥ	Acetylsalicylsäure
Astonin	Ⓗ	Fludrocortison
Atarax	Ⓗ	Hydroxyzin
Atenolol	Ⓗ	Atenolol
Äthakridin-Salbe	Ⓥ [F] [K] [Kln]	Ethacridinlactat
Atipam	Ⓥ	Atipamezol
Atracurium	Ⓗ	Atracuriumbesilat
Atropin-POS	Ⓗ	Atropin
Atropinum sulfuricum	Ⓗ	Atropin
Aurizon	Ⓥ	Clotrimazol + Marbofloxacin, Dexamethason

Präparat	Zulassung	Wirkstoff
Avalox	Ⓗ	Moxifloxacin
Azathioprin	Ⓗ	Azathioprin
Azithromycin	Ⓗ	Azithromycin
Azyter	Ⓗ	Azithromycin
Bacivet	Ⓥ [K]	Bacitracin-Zink
Banminth	Ⓥ	Pyrantelpamoat
Barilux GI	Ⓗ	Bariumsulfat
Baxyl LA	Ⓥ	Oxytetracyclin
Baycox	Ⓥ	Toltrazuril
Baytril	Ⓥ	Enrofloxacin
Belacol	Ⓥ	Colistin
Bela-Monovit A	Ⓥ	Vitamin A (Retinol)
Belamycin	Ⓥ	Benzylpenicillin-Procain + Benzylpenicillin-Benzathin
Belfer	Ⓥ	Eisendextran
Benadog	Ⓥ	Benazepril
Benakor	Ⓥ	Benazepril
Bene-Bac	Ⓥ [F] [K] [Kln]	Lactobacillus spp.
Benefortin	Ⓥ	Benazepril
Betamann	Ⓗ	Metipranolol
Betoptima	Ⓗ	Betaxolol
Bicalutamid	Ⓗ	Bicalutamid
Bioflutin	Ⓗ	Etilefrin
Biorphen	Ⓗ	Phenylephrin
Bisolvon	Ⓥ	Bromhexin
Bitulfonsalbe	Ⓥ [K] [Me]	Ammoniumbituminosulfonat (Ichthyol)
Bleo-cell	Ⓗ	Bleomycin

Präparat	Zulassung	Wirkstoff
Bolfo	Ⓥ	Propoxur
Borgal	Ⓥ Me	Trimethoprim + Sulfadoxin
Bravecto	Ⓥ	Fluralaner
Bromelain	Ⓗ	Bromelin-Enzyme (Bromelain)
Bronchicum Mono Codein Tropfen	Ⓗ	Codein
Budenofalk	Ⓗ	Budesonid
Bupivacain	Ⓗ	Bupivacain
Buprenodale	Ⓥ	Buprenorphin
Buprenovet	Ⓥ	Buprenorphin
Bupresol	Ⓥ	Buprenorphin
Buscopan compositum	Ⓥ	Metamizol + Butylscopolaminbromid
Buscopan	Ⓗ	Butylscopolaminbromid
Buscosol	Ⓥ	Metamizol + Butylscopolaminbromid
Buserelin	Ⓥ K	Buserelin
Butasan	Ⓥ	Phenylbutazon
Calci-Mag	Ⓥ	Calciumgluconat (Kombi)
Canidryl	Ⓥ	Carprofen
Caninsulin	Ⓥ	Insulin
Caniphedrin	Ⓥ	Ephedrin
Capstar	Ⓥ	Nitenpyram
Captogamma	Ⓗ	Captopril
Cardisure	Ⓥ	Pimobendan
Carprodyl	Ⓥ	Carprofen
Carvedilol	Ⓗ	Carvedilol
Catosal	Ⓥ	Butafosfan + Vitamin B_{12}
C-B-Glukonat 24 % plus 6 %	Ⓥ	Calciumgluconat (Kombi)

Präparat	Zulassung	Wirkstoff
C-B-Glukonat 38 % plus 6 %	Ⓥ	Calciumgluconat (Kombi)
Cefadroxil	Ⓗ	Cefadroxil
Cefalexin	Ⓥ	Cefalexin (Cephalexin)
Cefazolin	Ⓗ	Cefazolin
Cefenil	Ⓥ	Ceftiofur
Ceffect	Ⓥ	Cefquinom
Cefotaxim	Ⓗ	Cefotaxim
Cefotriaxon	Ⓗ	Ceftriaxon
Ceftazidim	Ⓥ	Ceftazidim
Celecoxib	Ⓗ	Celecoxib
Celestovet	Ⓥ	Betamethason
Centidox	Ⓥ	Doxycyclin
Cepedex	Ⓥ	Dexmedetomidin
Cepetor	Ⓥ	Medetomidin
Cephacare	Ⓥ	Cefalexin (Cephalexin)
Chevi-col	Ⓥ	Dimetridazol
Chloramphenicol-N	Ⓥ	Chloramphenicol
Chlorderma (Frankreich)	Ⓥ	Chlorphenamin
Chlorhexamed	Ⓗ	Chlorhexidin
Chlormadinon	Ⓗ	Chlormadinonacetat
Chloromycetin Palmitat	Ⓥ	Chloramphenicol
Chloro-Sleecol Tabs	Ⓥ	Chloramphenicol
Chlortetracyclin C20 KS	Ⓥ	Chlortetracyclin
Chlortetracyclinhydrochlorid	Ⓥ	Chlortetracyclin
Ciloxan	Ⓗ	Ciprofloxacin
Cimetidin	Ⓗ	Cimetidin
Cipro	Ⓗ	Ciprofloxacin

Präparat	Zulassung	Wirkstoff
Ciprobay	Ⓗ	Ciprofloxacin
Circadin	Ⓗ	Melatonin
Cisaral Drops (Niederlande)	Ⓥ Kln	Cisaprid
Clarithromycin	Ⓗ	Clarithromycin
Clavaseptin	Ⓥ	Amoxicillin + Clavulansäure
Clenovet	Ⓥ	Clenbuterol
Cleorobe	Ⓥ	Clindamycin
Clik (Großbritannien)	Ⓥ	Dicyclanil
Clinacin	Ⓥ	Clindamycin
Clindaseptin	Ⓥ	Clindamycin
Cloderm	Ⓗ	Clotrimazol
Clomicalm	Ⓥ	Clomipramin
Clotrimazol	Ⓗ	Clotrimazol
Cobactan	Ⓥ	Cefquinom
Coccibal	Ⓥ	Amprolium
Codicaps Mono	Ⓗ	Codein
Coglazol	Ⓥ	Fenbendazol
Colestyramin	Ⓗ	Colestyramin (Cholestyramin)
Colistin-Injektionslösung	Ⓥ	Colistin
Comfortan	Ⓥ	Methadon
Concurat	Ⓥ	Levamisol
Convenia	Ⓥ	Cefovecin
CTC-HCl	Ⓥ	Chlortetracyclin
Cydectin	Ⓥ	Moxidectin
Cytarabin	Ⓗ	Cytarabin
Cytotec	Ⓗ	Misoprostol
Dalmarelin	Ⓥ K	Lecirelin

Präparat	Zulassung	Wirkstoff
Danidol	Ⓥ	Ketoprofen
Daraprim	Ⓗ	Pyrimethamin
Decortin	Ⓗ	Prednison
Dectomax	Ⓥ	Doramectin
Defencare	Ⓥ	Permethrin
Delvosteron	Ⓥ	Proligeston
Dexamethason	Ⓥ	Dexamethason
Dexdomitor	Ⓥ	Dexmedetomidin
Dexmopet	Ⓥ	Dexmedetomidin
Diarrhoesan	Ⓗ	Pectin (Pektin) + Kamillenblütenfluid-extrakt
Dibenzyran	Ⓗ	Phenoxybenzamin
Diclofenac	Ⓗ	Diclofenac
Dinalgen	Ⓥ	Ketoprofen
Diltiazem	Ⓗ	Diltiazem
Dimazon	Ⓥ	Furosemid
Dimeticon	Ⓥ [F] [K] [Kln] [Me]	Dimeticon (Dimethylpolysiloxan, Simeticon)
Dinolytic	Ⓥ	Prostaglandin $F_{2\alpha}$ (Dinoprost)
Diuren	Ⓥ	Furosemid
Dociton	Ⓗ	Propranolol
Dolantin	Ⓗ	Pethidin (Meperidin)
Dolestan	Ⓗ	Diphenhydramin
Dolgit	Ⓗ	Ibuprofen
Dolorex	Ⓥ	Butorphanoltartrat
Dolormin	Ⓗ	Ibuprofen
Domitor	Ⓥ	Medetomidin
Dopamin Fresenius	Ⓗ	Dopamin

Präparat	Zulassung	Wirkstoff
Dorzolamid	Ⓗ	Dorzolamid
Doxapram	Ⓥ	Doxapram
Doxorubicin	Ⓗ	Doxorubicin
Doxycycline Calier	Ⓥ	Doxycyclin
Droncit	Ⓥ	Praziquantel
Drontal flavour plus	Ⓥ	Febantel + Pyrantel, Praziquantel
Duphamox LA	Ⓥ	Amoxicillin
Durogesic	Ⓗ	Fentanyl(citrat)
Dysticum	Ⓥ Ⓗ [K] [Me]	Huminsäuren
Effipro	Ⓥ	Fipronil
Effortil	Ⓗ	Etilefrin
Eimeryl	Ⓥ	Amprolium
Eimü-Chlorhexidin Dip	Ⓥ	Chlorhexidin
Eligard	Ⓗ	Leuprorelin
Emedog	Ⓥ	Apomorphin
Emeprid	Ⓥ	Metoclopramid (MCP)
Enacard	Ⓥ	Enalapril
Enadog	Ⓥ	Enalapril
Enalatab	Ⓥ	Enalapril
Endoxan	Ⓗ	Cyclophosphamid
Engemycin	Ⓥ	Oxytetracyclin
Enrobactin	Ⓥ [K] [Kln]	Enrofloxacin
Enrofloxacin	Ⓥ	Enrofloxacin
Enro-K	Ⓥ	Enrofloxacin
Enteroconpulver	Ⓥ	Kaolin (Aluminiumsilikat)
Entocort	Ⓗ	Budesonid

Präparat	Zulassung	Wirkstoff
Enurace	Ⓥ	Ephedrin
Enzaprost	Ⓥ	Prostaglandin $F_{2\alpha}$ (Dinoprost)
Eprecis	Ⓥ	Eprinomectin
Eprinex	Ⓥ	Eprinomectin
Equest	Ⓥ	Moxidectin
Equibactin	Ⓥ	Sulfadiazin + Trimethoprim
Equimucin	Ⓥ	Acetylcystein (ACC)
Equipalazone	Ⓥ	Phenylbutazon
Equipulmin	Ⓥ	Clenbuterol
Eraquell	Ⓥ	Ivermectin
Eremfat	Ⓗ	Rifampicin
Erythrocin	Ⓥ	Erythromycin
Erythrocin W	Ⓥ	Erythromycin
Erytrotil	Ⓥ	Erythromycin
Etomidat-Lipuro	Ⓗ	Etomidat
Euphylong	Ⓗ	Theophyllin
Euthadorm	Ⓥ [H] [K] [Ma] [Me] [R]	Pentobarbital
Excenel	Ⓥ	Ceftiofur
Exspot	Ⓥ	Permethrin
Famotidin	Ⓗ	Famotidin
Felimazol	Ⓥ	Thiamazol
Fenbendatat	Ⓥ	Fenbendazol
Fenbendazol	Ⓥ	Fenbendazol
Fenbenol	Ⓥ	Fenbendazol
Fentadon	Ⓥ	Fentanyl
Fertagyl	Ⓥ [K]	Gonadotropin-Releasing-Hormon (GnRH, Gonadorelin)

Präparat	Zulassung	Wirkstoff
Finadyne	Ⓥ	Flunixin
Finasterid	Ⓗ	Finasterid
Flimabend	Ⓥ	Flubendazol
Flimabo	Ⓥ	Flubendazol
Floron	Ⓥ	Florfenicol
Flubendazol	Ⓥ	Flubendazol
Flubenol	Ⓥ	Flubendazol
Fluconazol	Ⓗ	Fluconazol
Flukiver Combi	Ⓥ	Mebendazol + Closantel
Flumazenil	Ⓗ	Flumazenil
Flunidol	Ⓥ	Flunixin
Fluoxetin	Ⓗ	Fluoxetin
Flutamid	Ⓗ	Flutamid
Fortekor	Ⓥ	Benazepril
Forthoprim	Ⓥ [Me]	Trimethoprim + Sulfadoxin
Forthyron	Ⓥ	Levothyroxin
Frontline	Ⓥ	Fipronil
Frontline Combo	Ⓥ [F]	Fipronil + S-Methopren
Fugazid	Ⓥ	Ketoconazol
Fungitraxx	Ⓥ	Itraconazol
Furazolidon-t	Ⓥ	Furazolidon
Gabaliquid Geriasan	Ⓗ	Gabapentin
Gabapentin	Ⓗ	Gabapentin
Galastop	Ⓥ	Cabergolin
GastroGard	Ⓥ	Omeprazol
Genta	Ⓥ	Gentamicin
Gent-ophtal	Ⓗ	Gentamicin

Präparat	Zulassung	Wirkstoff
Gernebcin	(H)	Tobramycin
Goldgeist	(H)	Pyrethrum + Piperonylbutoxid
Gonavet	(V)	Gonadotropin-Releasing-Hormon (GnRH, Gonadorelin)
Griseo-CT	(H)	Griseofulvin
HAES	(H)	Hydroxyethylstärke (HES, HAES)
Helmex	(H)	Pyranteltartrat
Heparin	(H)	Heparin
Hexasolvon	(V)	Bromhexin
Hexoral	(H)	Hexetidin
Hippomectin	(V)	Ivermectin
Hippopalazon	(V)	Phenylbutazon
Hippoparex	(V)	Pyrantelpamoat
Humocarb	(V)	Huminsäuren
Hydrocortison	(H)	Cortisol (Hydrocortison)
Hydromorphon	(H)	Hydromorphon
Hylase	(H)	Hyaluronidase
Hypnomidate	(H)	Etomidat
Imaverol	(V)	Enilconazol
Imodium	(H)	Loperamid
InfectoKrupp Inhal	(H)	Adrenalin (Epinephrin)
Inflacam	(V)	Meloxicam
Indometacin	(H)	Indometacin
Indomet	(H)	Indometacin
Intergonan	(V) [K]	Gonadotropin, PMSG (Pregnant Mare's Serum Gonadotropin)
Iohexol	(H)	Iohexol (Iohexal)
Isaderm	(V)	Betamethason + Fusidinsäure

Präparat	Zulassung	Wirkstoff
Isathal	Ⓥ	Fusidinsäure
Isocain	Ⓥ	Procain + Adrenalin
Isoderm	Ⓗ	Isotretinoin
Isoflo	Ⓥ [Kln]	Isofluran
Isofluran CP	Ⓥ [C] [F] [G] [H] [Ma] [Me] [R]	Isofluran
Isoptin	Ⓗ	Verapamil
Iso-vet	Ⓥ [C] [F] [G] [H] [Ma] [Me] [R]	Isofluran
Itrafungol	Ⓥ	Itraconazol
Ivomec	Ⓥ	Ivermectin
Ixotan	Biozid [F] [K] [M]	Pyrethrum
Kalymin	Ⓗ	Pyridostigmin
Karsivan	Ⓥ	Propentofyllin
Kerlone	Ⓗ	Betaxolol
Ketamin	Ⓥ	Ketamin
Ketovision	Ⓗ	Ketorolac-Trometamol
Kohle-Compretten	Ⓗ	Carbo medicinalis (Aktivkohle, Pflanzenkohle)
Kohle-Pulvis	Ⓗ	Carbo medicinalis (Aktivkohle, Pflanzenkohle)
Kokzidiol SD	Ⓥ [K]	Sulfadimethoxin + Trimethoprim
Kreon	Ⓗ	Pankreatin (Pankreaspulver)
Lactulose	Ⓥ [F] [K] [Kln]	Lactulose
Lamisil once	Ⓗ	Terbinafin
Lanicor	Ⓗ	Digoxin
Lanitop	Ⓗ	Metildigoxin

Präparat	Zulassung	Wirkstoff
Lenoxin	Ⓗ	Digoxin
Leukeran	Ⓗ	Chlorambucil
Levamisol	Ⓥ	Levamisol
Leventa	Ⓥ	Levothyroxin
Levetiracetam	Ⓗ	Levetiracetam
Lidocainhydrochlorid	Ⓥ	Lidocain
LimePlus Dip	Tierpflege-mittel Kln	Lime solution sulfurated (geschwefelte Kalklösung)
Lincomycin	Ⓥ	Lincomycin
Linco-Tabs	Ⓥ	Lincomycin
Libromid	Ⓥ	Kaliumbromid
Locabiosol	Ⓗ	Fusafungin
Lopedium	Ⓗ	Loperamid
Luminaletten vet.	Ⓥ	Phenobarbital
Lutrate	Ⓗ	Leuprorelin
Lysodren	Ⓗ	Mitotane
Malaseb	Ⓥ	Miconazol + Chlorhexidin
Mannitol	Ⓗ	Mannitol (Mannit)
Marbocyl	Ⓥ	Marbofloxacin
Mestinon	Ⓗ	Pyridostigmin
Metacam	Ⓥ	Meloxicam
Metacaptase	Ⓗ	Penicillamin
Metamizol	Ⓥ	Metamizol
Metapyrin	Ⓥ	Metamizol
Metaxol	Ⓥ	Sulfamethoxazol + Trimethoprim
Methotrexat	Ⓗ	Methotrexat
Methoxazol-T	Ⓥ	Sulfamethoxazol + Trimethoprim

Präparat	Zulassung	Wirkstoff
Methysilox-Antitympanikum	Ⓥ	Dimeticon (Dimethylpolysiloxan, Simeticon)
Metopiron	Ⓗ	Metyrapon
Metrobactin	Ⓥ	Metronidazol
Miconazol	Ⓗ	Miconazol
Micotil	Ⓥ	Tilmicosin
Micropaque Flüssig	Ⓗ	Bariumsulfat
Midazolam	Ⓗ	Midazolam
Milbemax	Ⓥ	Milbemycinoxim + Praziquantel
Milpro	Ⓥ	Milbemycinoxim + Praziquantel
Minocain	Ⓥ	Procain
Morphasol	Ⓥ	Butorphanoltartrat
Morphin	Ⓗ	Morphin
Mycamine	Ⓗ	Micafungin
Mydriaticum Stulln	Ⓗ	Tropicamid
Naloxon	Ⓗ	Naloxon
Nalpain	Ⓗ	Nalbuphin
Nandrosol	Ⓥ	Nandrolon
Naproxen	Ⓗ	Naproxen
Narcofol	Ⓥ	Propofol
Narcoren	Ⓥ [H] [K] [Ma] [Me] [R]	Pentobarbital
Narkodorm	Ⓥ [H] [K] [Me]	Pentobarbital
Natulan	Ⓗ	Procarbazin
Neomycin C70G	Ⓥ	Neomycin
Neomycinsulfat	Ⓥ	Neomycin
Neosynephrin	Ⓗ	Phenylephrin
Neurotranq (Niederlande)	Ⓥ	Acepromazin

Präparat	Zulassung	Wirkstoff
Nilverm nova	Ⓥ	Levamisol
Norotyl LA	Ⓥ	Tylosin
Noxafil	Ⓗ	Posaconazol
Nystatin	Ⓥ [F] [K] [Kln] [Me]	Nystatin
Octreotid	Ⓗ	Octreotid
Ocuflur	Ⓗ	Flurbiprofen
Oestracton	Ⓥ	Gonadotropin-Releasing-Hormon (GnRH, Gonadorelin)
Ofloxacin	Ⓗ	Ofloxacin
Ondansetron	Ⓗ	Ondansetron
Optimmune Augensalbe	Ⓥ	Ciclosporin (Cyclosporin A)
Orniflox	Ⓥ [K] [Kln]	Enrofloxacin
Otimectin	Ⓥ	Ivermectin
Ovogest	Ⓥ	Gonadotropin, HCG (Humanes Chorion-gonadotropin, Urofollitropin)
Oxytetracyclinhydrochlorid	Ⓥ	Oxytetracyclin
Oxytocin	Ⓥ	Oxytocin
Panacur	Ⓥ	Fenbendazol
Paraffinum perliquidum	Ⓥ	Paraffinum sub-, perliquidum
Penicillin-Dihydrostrepto-mycin-Suspension	Ⓥ	Streptomycin, Dihydrostreptomycin
Penicillin-G-Natrium	Ⓥ	Benzylpenicillin (Natrium-, Kaliumsalz)
Pentacarinat	Ⓗ	Pentamidinisethionat
Pentoxifyllin	Ⓗ	Pentoxifyllin
Pepticure	Ⓥ	Omeprazol
Peritol	Ⓗ	Cyproheptadin
Pharmasin	Ⓥ	Tylosin

Präparat	Zulassung	Wirkstoff
Phenasol	Ⓥ	Chlorphenamin
Phenoleptil	Ⓥ	Phenobarbital
Phenylbutazon	Ⓥ	Phenylbutazon
Phlegmodolor	Ⓥ [K] [Me]	Ammoniumbituminosulfonat (Ichthyol)
Phlogenzym	Ⓗ	Bromelin-Enzyme (Bromelain)
Piperacillin	Ⓗ	Piperacillin
Piperazincitrat	Ⓥ	Piperazin
Piroxicam	Ⓗ	Piroxicam
PK-Merz	Ⓗ	Amantadin
Planipart	Ⓥ	Clenbuterol
Posifenicol C	Ⓗ	Chloramphenicol
Pracetam	Ⓥ	Paracetamol (Acetaminophen)
Prednisolon	Ⓥ	Prednisolon
Prednisolonacetat	Ⓥ	Prednisolon
Pregmagon	Ⓥ	Gonadotropin, PMSG (Pregnant Mare's Serum Gonadotropin)
Procain-Penicillin Susp.	Ⓥ	Benzylpenicillin-Procain
Procain-Penicillin-G	Ⓥ	Benzylpenicillin-Procain
Procamidor	Ⓥ	Procain
Procasel	Ⓥ	Procain
Profender	Ⓥ	Emodepsid + Praziquantel
Proglicem	Ⓗ	Diazoxid
Program	Ⓥ	Lufenuron
Program plus	Ⓥ	Milbemycinoxim + Luferuron
PropoFlo Vet	Ⓥ	Propofol
Propra	Ⓗ	Propranolol

Präparat	Zulassung	Wirkstoff
ProPre-Bac	Ⓥ [F] [K] [Kln] [Me]	Enterococcus faecium
ProZinc	Ⓥ	Insulin
Pulmodox	Ⓥ	Doxycyclin
Pulmotil	Ⓥ	Tilmicosin
Pyrantelpaste	Ⓥ	Pyrantelpamoat
Pyrinagil	Ⓥ	Acetylsalicylsäure
Quentan	Ⓥ	Bromhexin
Quiflor	Ⓥ	Marbofloxacin
Qivitan	Ⓥ	Cefquinom
Ranitidin	Ⓗ	Ranitidin
Rapifen	Ⓗ	Alfentanil
Reactine duo	Ⓗ	Pseudoephedrin + Cetirizin
Receptal	Ⓥ [K]	Buserelin
Rectogesic	Ⓗ	Nitroglycerin (Glyceroltrinitrat)
Release	Ⓥ [H] [K] [Ma] [Me] [R]	Pentobarbital
Relenza Rotadisk	Ⓘ	Zanamivir
Relosyl	Ⓥ	Gonadotropin-Releasing-Hormon (GnRH, Gonadorelin)
Retardon	Ⓥ	Sulfadimethoxin + Trimethoprim
Revertor	Ⓥ	Atipamezol
Rheumocam	Ⓥ	Meloxicam
Rhinopront	Ⓗ	Pseudoephedrin + Triprolidin
Ridzol	Ⓥ	Ronidazol
Rilexine	Ⓥ	Cefalexin (Cephalexin)
Rimadyl	Ⓥ	Carprofen
Rimifin	Ⓥ	Carprofen

Präparat	Zulassung	Wirkstoff
Robinul	Ⓗ	Glykopyrrolat
RodiCare Nystatin	Ⓥ [K] [Kln] [Me]	Nystatin
Romefen	Ⓥ	Ketoprofen
Rompun	Ⓥ	Xylazin
Ronaxan	Ⓥ	Doxycyclin
Rycarfa	Ⓥ	Carprofen
Salbutamol	Ⓗ	Salbutamol
Sanosorb	Ⓥ	Kaolin (Aluminiumsilikat)
Sebacil	Ⓥ	Phoxim
Sedator	Ⓥ	Medetomidin
Selectan	Ⓥ	Florfenicol
Sevoflo	Ⓥ	Sevofluran
Solosin	Ⓗ	Theophyllin
Solvimuco	Ⓥ	Bromhexin
Spasmium comp.	Ⓥ	Metamizol + Butylscopolaminbromid
Sporimune	Ⓥ	Ciclosporin
Strantel	Ⓥ	Febantel + Pyrantel, Praziquantel
Strepdipen	Ⓥ	Dihydrostreptomycin + Benzylpenicillin-Benzathin
Streptocombin	Ⓥ	Dihydrostreptomycin + Benzylpenicillin-Procain
Strepto-Fatol	Ⓗ	Streptomycin
Stronghold	Ⓥ	Selamectin
Suanatem	Ⓥ	Spiramycin + Metronidazol
Sucrabest	Ⓗ	Sucralfat
Suigonan	Ⓥ	Gonadotropin, HCG (Humanes Choriongonadotropin, Urofollitropin) + PMSG (Pregnant Mare's Serum Gonadotropin)

Präparat	Zulassung	Wirkstoff
Suispirin	Ⓥ	Acetylsalicylsäure
Sulfadiazin + Trimethoprim 15 %	Ⓥ	Sulfadiazin + Trimethoprim
Sulfadimethoxin + Trimethoprim 50 %	Ⓥ	Sulfadimethoxin + Trimethoprim
Sulfadimidin pro Inj.	Ⓥ	Sulfadimidin + Trimethoprim
Sulfadimidin	Ⓥ	Sulfadimidin + Trimethoprim
Sulfaquinoxalin-Na 100 %	Ⓥ [K]	Sulfaquinoxalin
Sulfasalazin	Ⓗ	Sulfasalazin (Salazosulfapyridin)
Sulfenazon	Ⓥ [K]	Sulfaquinoxalin
Sulphix	Ⓥ [Me]	Trimethoprim + Sulfadoxin
Suprarenin	Ⓗ	Adrenalin (Epinephrin)
Suprelorin	Ⓥ	Deslorelinacetat
Surolan	Ⓥ [Me]	Miconazol + Polymyxin-B-sulfat, Prednisolon
Synulox	Ⓥ	Amoxicillin + Clavulansäure
Tamiflu	Ⓗ	Oseltamivir
Terbinafin	Ⓗ	Terbinafin
Terbutalin	Ⓗ	Terbutalin
Testosteron	Ⓗ	Testosteron
Tetracyclin-HCl	Ⓥ	Tetracyclin
Tetracyclinhydrochlorid	Ⓥ	Tetracyclin
Thiopental	Ⓗ	Thiopental
Thyronorm	Ⓥ	Thiamazol
Tiguvon	Ⓥ	Fenthion
Tim-Ophtal	Ⓗ	Timolol
TMPS oral	Ⓥ	Sulfamethoxazol + Trimethoprim
Tolfedine	Ⓥ	Tolfenaminsäure

Präparat	Zulassung	Wirkstoff
Tolfedol	Ⓥ	Tolfenaminsäure
Torbugesic	Ⓥ	Butorphanoltartrat
Tramadol	Ⓗ	Tramadol
Trapanal	Ⓗ	Thiopental
Traumanase	Ⓗ	Bromelin-Enzyme (Bromelain)
Trimethosel	Ⓥ	Sulfadimidin + Trimethoprim
Trimethosel-P	Ⓥ	Sulfadimethoxin + Trimethoprim
Trimetotat	Ⓥ	Sulfadiazin + Trimethoprim
Trimetox	Ⓥ	Sulfamerazin + Trimethoprim
Trioxin	Ⓥ	Sulfadimethoxin + Trimethoprim
Troscan (Großbritannien)	Ⓥ	Nitroscanat
TSO-Tabletten	Ⓥ	Sulfadiazin + Trimethoprim
Tylan	Ⓥ	Tylosin
Tylosin	Ⓥ	Tylosin
Tylo-Suscit	Ⓥ	Tylosin
Ultracarbon	Ⓗ	Carbo medicinalis (Aktivkohle, Pflanzenkohle)
Ursocain	Ⓥ	Lidocain
Ursochol	Ⓗ	Ursodeoxycholsäure (UDCA, Ursodiol)
Ursocyclin	Ⓥ	Oxytetracyclin
Ursofalk	Ⓗ	Ursodeoxycholsäure (UDCA, Ursodiol)
Ursoferran	Ⓥ	Eisendextran
Ursolan-Zugsalbe	Ⓥ K Me	Ammoniumbituminosulfonat (Ichthyol)
Ursotamin	Ⓥ K Me	Ketamin
Ursovit D_3	Ⓥ	Vitamin D_3 (Cholecalciferol)
Valbazen	Ⓥ	Albendazol
Vanco-cell	Ⓗ	Vancomycin

Präparat	Zulassung	Wirkstoff
Vasosan	Ⓗ	Colestyramin
Vasotop	Ⓥ	Ramipril
Vecoxan	Ⓥ	Diclazuril
Ventipulmin	Ⓥ	Clenbuterol
Verapamil	Ⓗ	Verapamil
Verminal	Ⓥ	Pyrantelpamoat
Veterelin	Ⓥ K	Buserelin
Vetflurane	Ⓥ C F G H Ma Me R	Isofluran
Vetmedin	Ⓥ	Pimobendan
Vetofer	Ⓥ	Eisendextran
Vetofol	Ⓥ	Propofol
Vetogent	Ⓥ	Gentamicin
Vetoryl	Ⓥ	Trilostan
Vetrimoxin-Paste	Ⓥ	Amoxicillin
Vetrimoxin-Pulver	Ⓥ	Amoxicillin
Vidalta	Ⓥ	Carbimazol
Vigamox	Ⓗ	Moxifloxacin
Vincristinsulfat	Ⓗ	Vincristin
Vitamin B1-Injektopas	Ⓗ	Vitamin B_1 (Thiamin)
Vitamin B_2	Ⓗ	Vitamin B_2 (Riboflavin, Lactoflavin)
Vitamin B_{12}-Injektopas	Ⓗ	Vitamin B_{12} (Cyanocobalamin)
Vitamin C	Ⓗ	Vitamin C (Ascorbinsäure)
Vitamin C-Injektopas	Ⓗ	Vitamin C (Ascorbinsäure)
Vitamin D_3	Ⓥ	Vitamin D_3 (Cholecalciferol)
Vitamin E-Selen	Ⓥ	Vitamin E (α-Tocopherol) + Selen

Präparat	Zulassung	Wirkstoff
Vitamin-E-Selen	Ⓥ	Vitamin E (α-Tocopherol) + Selen
Vitamin K1 Laboratoire TVM	Ⓥ	Vitamin K_1 (Phytomenadion)
Vitofyllin	Ⓥ	Propentofyllin
Voltaren Ophtha	Ⓗ	Diclofenac
Vomend	Ⓥ	Metoclopramid (MCP)
Voren	Ⓥ	Dexamethason
Wedederm Wundsalbe	Ⓥ [K] [Me]	Ammoniumbituminosulfonat (Ichthyol)
Welpan	Ⓥ	Febantel + Pyrantel
Xeden	Ⓥ	Enrofloxacin
Xylazin	Ⓥ	Xylazin
Yocon-Glenwood	Ⓗ	Yohimbin
Yomesan	Ⓗ	Niclosamid
Ziapam	Ⓥ	Diazepam
Zofram	Ⓗ	Ondansetron
Zoletil	Ⓥ	Tilematin + Zolazepam
Zorabel	Ⓥ	Toltrazuril
Zovirax	Ⓗ	Aciclovir

Indikationen

Indikation	Wirkstoff
Abmagerung	Nandrolon
Aborteinleitung	Prostaglandin $F_2\alpha$ (Dinoprost)
Abschwellung	Meloxicam
Abszess, durch Mykoplasmen	Clindamycin
Abszessreifung	Ammoniumbituminosulfonat (Ichthyol)
Acinetobacter-Infektion	Doxycyclin
Adhäsionen, Reduktion postoperativer	Verapamil
Adsorbens	Pectin (Pektin)
Aggressivität	Clomipramin
Akne, zystische	Vitamin A (Retinol)
Alkalose	Lysin, L-
Allergie	Betamethason Chlorphenamin (Chlorpheniramin) Dexamethason Diphenhydramin Prednisolon Prednison
Alopezie, hormonelle	Proligeston
Anaerobierinfektion	Dimetridazol Lincomycin Metronidazol
Analgesie (s. auch Schmerzzustände)	Acetylsalicylsäure Carprofen Dexmedetomidin Ketamin Medetomidin Meloxicam Metamizol Oxymorphon Tramadol Xylazin
• intraoperative	Alfentanil Fentanyl
• kurzfristige mit Spasmolyse	Metamizol Pethidin (Meperidin)
• kurzzeitige	Buprenorphin Butorphanol Nalbuphin

Indikation	Wirkstoff
Analgesie (Fortsetzung)	
• Neuroleptanalgesie	Fentanyl Methadon
• perioperativ	Carprofen Meloxicam Metamizol
• starke	Fentanyl Morphin Methadon
Anämie	
• bei chronischer Niereninsuffizienz	Nandrolon
• durch Vitamin-B_{12}-Mangel	Vitamin B_{12} (Cyanocobalamin)
• besonders bei Nephropathie	Epoetin alfa
• durch Eisenmangel	s. Eisenmangelanämie
• isolierte aplastische / Erythroblastopenie	Ciclosporin
Anaphylaxie	Diphenhydramin Ephedrin
Anästhesie	Alfaxalon + Butorphanol Alfaxalon + Medetomidin Alfaxalon + Xylazin Ketamin + Acepromazin Ketamin + Diazepam Ketamin + Medetomidin/Dexm. Ketamin + Medetomidin + Butorphanol/ Buprenorphin Ketamin + Medetomidin/Dexm. + Fentanyl Ketamin + Midazolam Ketamin + Xylazin Medetomidin + Butorphanol (+ Midazolam) Medetomidin + Fentanyl + Midazolam Medetomidin + Hydromorphon Medetomidin + Propofol Tiletamin + Zolazepam (+ Xylazin + Butorphanol)
• Beruhigung vor	Clomipramin
• Epidural-	s. Epiduralanästhesie
• Infiltrations-	s. Infiltrationsanästhesie
• Leitungs-	s. Leitungsanästhesie
• Lokal-	s. Lokalanästhesie

Indikation	Wirkstoff
Ancylostoma-Befall	Fenbendazol Flubendazol Levamisol Mebendazol Pyrantelpamoat Pyranteltartrat
Angstzustände	s. Anxiolyse
Anoestrie	Gonadotropin, PMSG (Pregnant Mare's Serum Gonadotropin)
Antibiose • Breitspektrum – bakterizid	 Amikacin Amoxicillin Ampicillin Cefadroxil Cefalexin (Cephalexin) Cefazolin Cefotaxim Cefovecin Cefquinom Ceftazidim Ceftiofur Ceftriaxon Ciprofloxacin Dihydrostreptomycin Enrofloxacin Furazolidon Fusafungin Gentamicin Marbofloxacin Moxifloxacin Neomycin Ofloxacin Piperacillin Streptomycin Sulfadiazin + Trimethoprim Sulfadimethoxin + Trimethoprim Sulfadimidin + Trimethoprim Sulfamerazin + Trimethoprim Sulfamethoxazol + Trimethoprim Tobramycin Trimethoprim + Sulfonamide

Indikation	Wirkstoff
Antibiose (Fortsetzung)	
– bakteriostatisch	Chloramphenicol Chlortetracyclin Doxycyclin Florfenicol Oxytetracyclin Sulfamethoxypyridazin Sulfanilamid Sulfaquinoxalin Sulfasalazin (Salazosulfapyridin) Tetracyclin
• Mittelbandspektrum	
– bakterizid	Bacitracin Benzylpenicillin Rifampicin Ronidazol
– bakteriostatisch	Azithromycin Clarithromycin Clindamycin Erythromycin Lincomycin Spiramycin Tilmicosin Tylosin
• Schmalspektrum	
– bakterizid	Colistin Vancomycin
– bakteriostatisch	Fusidinsäure
Antidot	
• Amitraz	Yohimbin
• Benzodiazepine (Diazepam, Midazolam)	Flumazenil
• Medetomidin, Dexmedetomidin	Atipamezol
• Metallvergiftungen, insbesondere Bleivergiftung	Calcium-Di-Natrium-EDTA
• Opioide	Naloxon
• Xylazin	Yohimbin
Antikonvulsion	Midazolam
Anxiolyse	Clomipramin Diazepam Midazolam

Indikation	Wirkstoff
Appetitanregung	Cyproheptadin Diazepam Nandrolon
Arrhythmie	s. Herzarrhythmie
Arthritis	Cefadroxil Lincomycin Spiramycin
• chronische aseptische	polysulfatiertes Glykosaminoglykan
• nutrazeutische	Chondroitinsulfat
• schmerzhafte	Naproxen
• sterile	Dexamethason
Arthropodenbefall, dermaler	Pyrethrum
Arthrose, chronische aseptische	polysulfatiertes Glykosaminoglykan
Askaridenbefall	Fenbendazol Flubendazol Levamisol Mebendazol Piperazin Pyrantelpamoat Pyranteltartrat Thiabendazol
Aspergillose	Itraconazol Nystatin Posaconazol
• invasive	Amphotericin B
Asphyxie der Neugeborenen	Doxapram
Asthma bronchiale	Diphenhydramin Ephedrin Theophyllin
• Bronchospasmus	Clenbuterol Salbutamol Terbutalin Theophyllin
Aszites	Furosemid
Ataranalgesie	s. Narkose
Atemdepression	Doxapram
Atemwegserkrankung, chronische	Clenbuterol
Auge, Eingriffe am	Atracuriumbesilat

Indikation	Wirkstoff
Augeninnendruck • Diurese zur Senkung von hohem • Verringerung	 Mannitol (Mannit) Betaxolol
Autoimmunkrankheiten	Azathioprin Cyclophosphamid Prednisolon Prednison
Bacteroides-Infektion	Chloramphenicol Dimetridazol Florfenicol
Badebehandlung, antiinfektiöse	Hexetidin
Beschleunigung der subkutanen Resorption	Hyaluronidase
Bewegungsapparat, Entzündung	Carprofen Celecoxib Diclofenac Flunixin Ibuprofen Indometacin Ketoprofen Phenylbutazon Tolfenaminsäure
Blastomykose	Amphotericin B Itraconazol Nystatin
Bordetellose	Doxycyclin Tetracyclin Trimethoprim + Sulfonamide
Bradykardie	Glykopyrrolat
Bronchitis, akute und chronische	Bromhexin
Bronchospasmus	s. Asthma bronchiale
Brunstinduktion	Gonadotropin, PMSG (Pregnant Mare's Serum Gonadotropin)
Campylobacteriose	Chlortetracyclin Dimetridazol
Candida-Mykose • *Candida albicans*	Amphotericin B Fluconazol Itraconazol Nystatin Fusafungin

Indikation	Wirkstoff
Candida-Mykose (Fortsetzung)	
• systemische	Micafungin
• Keratitis	Micafungin
Caparinia-Befall	Fluralaner
Capillaria-Befall	Thiabendazol
Cheyletiellose	Doramectin Ivermectin Moxidectin Selamectin
Chlamydiose	Chloramphenicol Chlortetracyclin Enrofloxacin Florfenicol Oxytetracyclin Sulfamethoxazol Sulfamethoxypyridazin Sulfanilamid Sulfaquinoxalin
Clostridiose	Dimetridazol Doxycyclin Tetracyclin Trimethoprim + Sulfonamide
• *Clostridium perfringens*, epizootische Enterocolitis	Bacitracin
Colon irritabile	Sulfasalazin (Salazosulfapyridin)
Corynebakterieninfektion	Doxycyclin
Darmerkrankung, proliferative (Frettchen)	Chloramphenicol
Darmflora	
• Regeneration der	Pectin (Pektin)
• Schutz vor Gabe oraler Antibiose	Lactulose
• Stabilisierung der	*Lactobacillus* spp. *Enterococcus faecium*
Darminfektion, bakterielle	Neomycin Colistin
Darmperistaltik, gesteigerte	Loperamid
Dekubitus	Ammoniumbituminosulfonat (Ichthyol)

Indikation	Wirkstoff
Demodikose	Amitraz Doramectin Imidacloprid + Moxidectin Ivermectin Milbemycinoxim Moxidectin Selamectin
Dermatitis, bakterielle	Cefadroxil Cefalexin (Cephalexin) Cefazolin Marbofloxacin Ofloxacin
Dermatomykose	Chlorhexidin Enilconazol Griseofulvin Itraconazol Nystatin
• *Candida albicans*	Terbinafin
• lokale	Miconazol
Dermatophytose	Lime solution sulfurated (geschwefelte Kalklösung) Lufenuron Terbinafin
• lokale	Clotrimazol
Dermatose	Vitamin B_2 (Riboflavin, Lactoflavin)
• testosteronreagible	Testosteron
Descensus testis	Gonadotropin-Releasing-Hormon (GnRH, Gonadorelin)
Desinfektion, Haut, Schleimhaut	Chlorhexidin Ethacridinlactat Hexetidin
Diabetes mellitus	Insulin
Diarrhoe	Carbo medicinalis (Aktivkohle, Pflanzenkohle) Kaolin (Aluminiumsilikat) Loperamid
• enterotoxinbedingte	Wismut(sub)salicylat (Bismuthsubsalicylat)
Dipylidium-Befall	Nitroscanat Praziquantel

Indikation	Wirkstoff
Dirofilariose	Acetylsalicylsäure Heparin Melarsamin (Melarsomin, Melaminylthio-arsenat)
• Prophylaxe	Imidacloprid + Moxidectin Ivermectin
– Mikrofilarien	Milbemycinoxim
Diureseanregung	Furosemid Mannitol (Mannit)
Durchfall	s. Diarrhoe
Dyspepsie mit der Gefahr der Toxin-resorption aus dem Magen-Darm-Trakt	Huminsäuren
Echinokokkose	Nitroscanat Praziquantel
Ehrlichiose	Doxycyclin
Eisenmangelanämie	Eisendextran
Eklampsie	Calciumgluconat
Ekto-, Endoparasitenbefall	Doramectin Ivermectin Moxidectin Selamectin
Ektoparasitenbefall	Amitraz Carbaril (Carbaryl) Fipronil Imidacloprid Ivermectin Lufenuron Mesulfen (Dimethylthianthren) Moxidectin Permethrin Phoxim Pyrethrum S-Methopren
Ekzem	Ammoniumbituminosulfonat (Ichthyol)
Endokarditis	Cefadroxil
• Pneumokokken	Ceftriaxon
Endometritis	Aglepriston
Endotoxämie	Hydroxyethylstärke (HES, HAES)
Endotoxinschock	Flunixin

Indikation	Wirkstoff
Enterobakterieninfektion	Amikacin Enrofloxacin Gentamicin Ronidazol
• Septikämie	s. Septikämie, Enterobakterieninfektion
Enterocolitis, epizootische im Zusammenhang mit *Clostridium-perfringens*-Infektion	Bacitracin
Enterotoxämie, Toxinabsorption	Colestyramin (Cholestyramin)
Entzündung	
• Bewegungsapparat	s. Bewegungsapparat, Entzündung
• Maulschleimhaut	s. Stomatitis
• nichtinfektiöse	Acetylsalicylsäure Betamethason Budesonid Celecoxib Carprofen Dexamethason Diclofenac Ibuprofen Indometacin Meloxicam Piroxicam Prednisolon Prednison
• nichtinfektiös, vorderer Augenabschnitt	Diclofenac Flurbiprofen Ketorolac-Trometamol
Enzephalitozoonose	Albendazol Fenbendazol
Enzephalopathie	Dexamethason
Epiduralanästhesie	Lidocain Procain
Epilepsie	Diazepam Gabapentin Levetiracetam Midazolam Phenobarbital
• Status epilepticus	Diazepam
• als Zusatztherapie zu Phenobarbital	Kaliumbromid

Indikation	Wirkstoff
Erbrechen	Glykopyrrolat Ondansetron
• auslösen	Apomorphin Radix ipecacuanhae (Brechwurz)
• Reisekrankheit	Diphenhydramin
• zentrales oder peripheres	Metoclopramid (MCP)
Erschöpfung	Butafosfan
Euthanasie	Pentobarbital
Fiebersenkung	Metamizol Tolfenaminsäure
Filarienbefall	Ivermectin Moxidectin
• Mikrofilarien	Selamectin
Flohbefall	Fenthion Fipronil Imidacloprid Lufenuron Nitenpyram Permethrin Phoxim Propoxur S-Methopren Selamectin
Follikelzysten	Lecirelin
Furunkulose	Ammoniumbituminosulfonat (Ichthyol)
Gallensteine, Auflösung kleiner röntgen-negativer Cholesterin-	Ursodeoxycholsäure (UDCA, Ursodiol)
Gastritis	Misoprostol Omeprazol Ranitidin Sucralfat
• akute	Famotidin
• eosinophile	Prednison
Gastroenteritis	
• bakterielle, akute	Enrofloxacin Metronidazol Sulfamethoxazol
• epizootische katarrhalische	Loperamid
Gastrointestinalmotilität, Anregung der prokinetischen	Cisaprid
Geburtseinleitung	Prostaglandin $F_{2\alpha}$ (Dinoprost)

Indikation	Wirkstoff
Geburtsverzögerung	Oxytocin
Gehirnödem	Mannitol (Mannit)
Gestationsketose	Dexamethason
Giardiose	Albendazol Fenbendazol Metronidazol
Gingivitis, bakterielle	Spiramycin
Glaukom	Betaxolol Dichlorphenamid Dorzolamid Metipranolol Timolol
Haarlingsbefall	Doramectin Fipronil Ivermectin Moxidectin Propoxur Selamectin
Hämoblastose	Doxorubicin Vincristin
Harninkontinenz	Ephedrin Testosteron
Harnwegsinfektion, bakterielle	Cefadroxil Erythromycin Marbofloxacin Ofloxacin
Helicobacter-Infektion	Amoxicillin Clarithromycin Omeprazol Ranitidin
Helminthenbefall	Albendazol Emodepsid Febantel Fenbendazol Flubendazol Levamisol Mebendazol Niclosamid Nitroscanat Piperazin Praziquantel

Indikation	Wirkstoff
Helminthenbefall (Fortsetzung)	Pyrantelpamoat Pyranteltartrat Thiabendazol
Hepatitis, chronische	Azathioprin
hepatoenzephales Syndrom	Neomycin
Hepatoenzephalopathie	Flumazenil Lactulose
Hepatopathie, chronische	Ursodeoxycholsäure (UDCA, Ursodiol)
Herpes simplex	Aciclovir Lysin, L-
Herpesvirus felis, rekurrierende okuläre Infektionen	Lysin, L-
Herzarrhythmie, supraventrikuläre	Verapamil
Herzdilatation	Ramipril
Herzhypertrophie	Ramipril
Herzinsuffizienz • Herzklappen • kongestive • Links-, akute • Mitralklappen • Tachykardie, supraventrikuläre	Ramipril Verapamil Pimobendan Benazepril Enalapril Nitroglycerin (Glyceroltrinitrat) Benazepril Enalapril Hydralazin Diltiazem
Herzrhythmusstörung, ventrikuläre, tachykarde	Lidocain
Herzstillstand	Adrenalin
Herzwurmbefall	s. Dirofilariose
Herzwurmprophylaxe	s. Dirofilariose, Prophylaxe
Hirnödem, akutes	Furosemid
Histomonadose	Dimetridazol Ronidazol
Histoplasmose	Amphotericin B Itraconazol Nystatin
Husten, Sekretolyse	s. Sekretolyse

Indikation	Wirkstoff
Hyperadrenokortizismus	Anastrozol Bicalutamid Ketoconazol Mitotan Metyrapon Trilostan
• symptomatische Behandlung	Melatonin
Hyperämie der Konjunktiven	Phenylephrin
Hyperammonämie	Lactulose
Hypercholesterinämie	Colestyramin (Cholestyramin)
Hyperkalzämie	Prednisolon Prednison
Hyperkeratose	Vitamin A (Retinol)
Hyperphosphatämie	Aluminiumhydroxid
Hypersalivation	Glykopyrrolat
• nur bei Meerschwein bei Inhalationsanästhesie	Atropin
Hyperthyreose	Carbimazol Thiamazol
Hypertonie	Amlodipin Benazepril Enalapril Nitroglycerin (Glyceroltrinitrat) Prazosin Ramipril
• im kleinen Kreislauf	Hydralazin
Hypokalzämie	Calcium-Di-Natrium-EDTA Calciumgluconat
Hypoparathyreoidismus	Calciumgluconat
Hypoproteinämie	Hydroxyethylstärke (HES, HAES)
Hypophysenadenom	Cabergolin
Hypotension, narkosebedingte	Dopamin
Hypothiaminose, latente	Vitamin B_1 (Thiamin)
Hypothyreose	Levothyroxin
Immunsuppression	Betamethason Dexamethason
Immunthrombozytopenie	Vincristin
Inappetenz	s. Appetitanregung
Incontinentia urinae	s. Harninkontinenz

Indikation	Wirkstoff
Induktion der Follikelreifung (durch LH)	Gonadotropin-Releasing-Hormon (GnRH, Gonadorelin)
Infektionskrankheiten, bakterielle (nach Erregern)	
• *Acinetobacter*	s. *Acinetobacter*-Infektion
• Anaerobier	s. Anaerobierinfektion
• Bordetellen	s. Bordetellose
• *Campylobacter*	s. Campylobacteriose
• Chlamydien	s. Chlamydiose
• Clostridien	s. Clostridiose
• Corynebakterien	s. Corynebakterieninfektion
• Ehrlichien	s. Ehrlichiose
• Enterobakterien	s. Enterobakterieninfektion
• *Helicobacter*	s. *Helicobacter*-Infektion
• Klebsiellen	s. Klebsielleninfektion
• Leptospiren	s. Leptospirose
• Mykobakterien	s. Mykobakteriose
• *Mycobacterium tuberculosis*	s. Tuberkulose
• Mykoplasmen	s. Mykoplasmose
• Pasteurellen	s. Pasteurellose
• *Proteus*	s. *Proteus*-Infektion
• Pseudomonaden	s. Pseudomonadeninfektion
• Rickettsien	s. Rickettsiose
• Salmonellen	s. Salmonellose
• Staphylokokken	s. Staphylokokkeninfektion
• Streptokokken	s. Streptokokkeninfektion
• *Treponema cuniculi*	s. Kaninchensyphilis (*Treponema cuniculi*)
• Yersinien	s. Yersinieninfektion
Infektionskrankheiten (nach Organen)	
• bakterielle	
– Darm	s. Darminfektion, bakterielle
– Gebärmutter	s. Endometritis s. Pyometra
– Gebärmuttermyometrium	s. Metritis
– Gelenke	s. Arthritis
– Harnwege (Urogenitaltrakt)	s. Harnwegsinfektion, bakterielle
– Haut	s. Dermatitis, bakterielle, s. Pyodermie
– Hirnhäute	s. Meningitis, bakterielle s. Meningitis, kokzidioide
– Knochen, -mark	s. Osteomyelitis
– Lunge	s. Pneumonie
– Magen-Darm-Trakt	s. Gastroenteritis, bakterielle, akute

Indikation	Wirkstoff
Infektionskrankheiten (nach Organen) (Fortsetzung)	
– Maulschleimhaut	s. Stomatitis, bakterielle
– Milchdrüse	s. Mastitis
– Nase + Nasennebenhöhlen	s. Rhinosinusitis, bakterielle
– Respirationstrakt	s. Respirationstrakt, bakterielle Infektion
– Zahnfleisch	s. Gingivitis, bakterielle
Infektionskrankheiten, bakterielle (nach Wirkspektrum)	
• gramnegativ	Colistin
– z. T. grampositiv	Amikacin Dihydrostreptomycin Gentamicin Neomycin Streptomycin Tobramycin
• grampositiv	Vancomycin
– + Anaerobier + Mykoplasmen	Clindamycin Lincomycin
– + Mykobakterien	Rifampicin
– + Pasteurellen	Benzylpenicillin
– + Pasteurellen + Mykoplasmen	Azithromycin Doxycyclin Erythromycin Spiramycin Tilmicosin Tylosin
– (und gramnegativ)	Cefadroxil Cefalexin (Cephalexin) Cefazolin
• grampositiv und -negativ	Amoxicillin Ampicillin Cefovecin Cefotaxim Cefquinom Ceftazidim Ceftiofur Ceftriaxon Chloramphenicol Florfenicol Fusafungin Piperacillin Sulfadiazin Sulfadimethoxin

Indikation	Wirkstoff
Infektionskrankheiten, bakterielle (nach Wirkspektrum) (Fortsetzung)	
	Sulfadimidin Sulfamerazin Sulfamethoxazol Sulfamethoxypyridazin Sulfanilamid Sulfaquinoxalin Trimethoprim + Sulfonamide
– (+ Protozoen)	Furazolidon
– + Anaerobier + Protozoen	Metronidazol Ronidazol
– + Mykoplasmen	Ciprofloxacin Enrofloxacin Doxycyclin Marbofloxacin Moxifloxacin Ofloxacin
– + Mykoplasmen + Chlamydien	Chlortetracyclin Doxycyclin Oxytetracyclin Tetracyclin
Infiltrationsanästhesie	Lidocain Procain
Influenza	Amantadin Zanamivir
Infusion großer Glukosemengen	Insulin
Inhalationsnarkose	s. Narkose, Inhalationsnarkose
Insulinom	Diazoxid Octreotid Prednison
• frühes Stadium	Doxorubicin
Intoxikation	
• akute, orale	Huminsäuren
• fettlösliche Giftstoffe	Paraffinum sub-, perliquidum
• mit Isozyaniden und evtl. anderen oral aufgenommenen Toxinen	Carbo medicinalis (Aktivkohle, Pflanzenkohle)
Ischämie	Pentoxifyllin Propentofyllin
Kalziumsubstitution	Calciumgluconat

Indikation	Wirkstoff
Kaninchensyphilis (*Treponema cuniculi*)	Amoxicillin Benzylpenicillin Ceftriaxon
Kardiomyopathie	
• dilatative	Pimobendan Prazosin Enalapril Hydralazin
• hypertrophe	Atenolol Hydralazin Prazosin Propranolol Diltiazem
• hypertrophe, dilatatorische	Captopril
• kongestive (dilatative)	Digoxin
Karzinom	Doxorubicin
• Plattenepithel	Bleomycin
• Prostata	Bicalutamid
Keratitis	
• *Candida*	Micafungin
• Methicillin-resistenter *Staphylococcus aureus* (MRSA)	Vancomycin
Keratoconjunctivitis sicca	Ciclosporin (Cyclosporin A)
Keratolyse	Acetylsalicylsäure
Kieferabszesse	Tobramycin
Klebsielleninfektion	Amikacin Enrofloxacin Tetracyclin
• Septikämie	s. Septikämie, Klebsielleninfektion
Knorpelheilung	polysulfatiertes Glykosaminoglykan
Koagulation, disseminierte intravasale (DIC)	Heparin
Koagulationshemmung	Acetylsalicylsäure
Kokzidioidomykose	Amphotericin B Nystatin
Kokzidiose	Amprolium Diclazuril Furazolidon Metronidazol Monensin Pyrimethamin

Indikation	**Wirkstoff**
Kokzidiose (Fortsetzung)	Sulfadimethoxin Sulfadimidin Sulfamerazin Sulfamethoxazol Sulfamethoxypyridazin Sulfanilamid Sulfaquinoxalin Toltrazuril Trimethoprim + Sulfonamide Lasalocid
Kolitis	Sulfasalazin (Salazosulfapyridin)
• chronische idiopathische	Sulfasalazin (Salazosulfapyridin)
Kongestion	Ramipril
Konjunktivitis	Azithromycin Fusidinsäure Moxifloxacin
• abakterielle und allergische	Phenylephrin
Kontrastmittel	Bariumsulfat
Konzeptionsrate, Verbesserung	Buserelin Lecirelin
Krampfanfälle (s. auch Epilepsie)	Gabapentin Phenobarbital
Kreislaufinsuffizienz	Carvedilol Ephedrin Etilefrin
Kreislaufschock	s. Schock
Kryptokokkose	Amphotericin B Itraconazol Fluconazol Nystatin
Laktationsstörung	Oxytocin
Läufigkeitsverhinderung	Chlormadinonacetat
Läusebefall	Doramectin Propoxur
Laxans	s. auch Obstipation
• ileum- und kolonwirksames	Lactulose
Leberlipidose	Vitamin B_2 (Riboflavin, Lactoflavin)
Leitungsanästhesie	Lidocain Procain

Indikation	Wirkstoff
Leptospirose	Chloramphenicol Florfenicol
Leukämie, lymphatische	Prednisolon Prednison
Libidosteigerung	Gonadotropin-Releasing-Hormon (GnRH, Gonadorelin)
Lokalanästhesie	Procain
Lungenödem, akutes	Furosemid
Lymphom	Chlorambucil Cytarabin Doxorubicin L-Asparaginase Methotrexat Prednisolon Prednison Procarbazin
• kutanes epitheliotropes	Isotretinoin
Madenwurmbefall	s. Oxyuridose
Magenatonie, entzündungshemmend	Bromelin-Enzyme (Bromelain)
Magen-Darm-Ulzera	Cimetidin Sucralfat Wismut(sub)salicylat (Bismuthsubsalicylat)
Magenentleerungsstörung	Cisaprid Metoclopramid (MCP)
Magenschutz	Wismut(sub)salicylat (Bismuthsubsalicylat)
Magenübersäuerung	Ranitidin
Magenulzera	Famotidin Misoprostol Omeprazol Ranitidin
Mastitis	Erythromycin
Maulschleimhautentzündung	Chlorhexidin
Meningitis	
• bakterielle	Moxifloxacin
• kokzidioide	Terbinafin
Mesocestoides-Befall	Praziquantel
Meteorismus	Dimeticon (Dimethylpolysiloxan, Simeticon)
Metritis	Erythromycin Prostaglandin $F_{2\alpha}$ (Dinoprost)

Indikation	Wirkstoff
Microsporie	Griseofulvin Terbinafin
Mikrozirkulationsstörung	Hydroxyethylstärke (HES, HAES)
Milben	s. Räudemilbenbefall, *Psoroptes*-Räude, Ektoparasitenbefall, *Sarcoptes*-Räude
Mitralklappeninsuffizienz	s. Herzinsuffizienz, Mitralklappen
Morbus Addison (Substitution)	Cortisol (Hydrocortison)
Motilitätsstörung des oberen Gastrointestinaltraktes	Cisaprid
Mukormykose	Amphotericin B Nystatin
Mukolyse	Acetylcystein (ACC)
Muskeldystrophie	Vitamin E (α-Tocopherol) + Selen
Muskelrelaxation	
• geringgradige	Xylazin
• Uretherobstruktion	Diazepam
• zentrale	Midazolam
Myalgie	Ibuprofen
Myasthenia gravis	Pyridostigmin
Mydriasis	Atropin Phenylephrin Tropicamid
Myiasisprophylaxe	Dicyclanil
Mykobakteriose	Enrofloxacin Rifampicin
Mykoplasmose	Azithromycin Chloramphenicol Chlortetracyclin Clindamycin Doxycyclin Enrofloxacin Erythromycin Florfenicol Lincomycin Oxytetracyclin Spiramycin Tetracyclin Tilmicosin Tylosin

Indikation	Wirkstoff
Mykose • *Aspergillus* • *Blastomyces* • *Candida* • *Coccidioides* • *Cryptococcus* • Dermatophyten – *Trichophyton, Microsporum* – Mikrosporidien • Haut • *Histoplasma* • *Mucor* • Nase • *Penicillium* • systemische • *Trichophyton*	 s. Aspergillose s. Blastomykose s. *Candida*-Mykose s. Kokzidioidomykose s. Kryptokokkose s. Dermatophytose, -mykose s. Microsporie s. Dermatomykose s. Histoplasmose s. Mukormykose s. Rhinomykose s. Penicillium-Mykose Fluconazol Ketoconazol s. Trichophytie
Myositis, Schmerzbekämpfung	Naproxen
Nachlastsenkung (s. auch Vorlast-, Nachlastsenkung)	Hydralazin
Narkose • Abkürzung • Ataranalgesie • Inhalationsnarkose • Injektionsnarkose • Kurznarkose • Toleranz, chirurgische	Codein Pentobarbital Doxapram Fentanyl Distickstoffmonoxid, Lachgas, Stickoxydul Enfluran Sevofluran Alfaxalon Alfaxalon Methohexital Propofol Thiamylal Thiopental Ketamin
Narkoseeinleitung	Isofluran Propofol
Narkoseprämedikation	Acepromazin Atropin Dexmedetomidin Diazepam Fentanyl Medetomidin

Indikation	Wirkstoff
Narkoseprämedikation (Fortsetzung)	Morphin Methadon
• Sedation	Butorphanoltartrat
• Sekretionshemmung	Glykopyrrolat
Narkosezwischenfall	Doxapram
• Atemdepression	Doxapram
• Reanimation	Adrenalin
Nebennierenassoziierte Endokrinopathie (Nebennierenerkrankung)	Deslorelinacetat
Nebennierenexstirpation, Substitution nach	Fludrocortison
Nebennierenrindenerkrankung	Flutamid
Nebennierenrindeninsuffizienz nach bilateraler Nebennierenektomie	Desoxycorticosteronpivalat (DOCP)
Nebennierenrindentumor (palliativ)	Leuprorelin
Nematodenbefall	Imidacloprid + Moxidectin Levamisol
• Magen-Darm-Trakt	Doramectin Emodepsid Ivermectin Levamisol Milbemycinoxim Moxidectin Selamectin
– auch Larvenformen	Febantel
• Respirationstrakt	Doramectin Levamisol
Neoplasien	s. Tumor
Nephropathie	Epoetin alfa
Neuralgien	Ibuprofen
Neuroleptanalgesie	s. Analgesie, Neuroleptanalgesie
Nierendurchblutung, Erhöhung	Dopamin
Niereninsuffizienz, chronische	Ramipril
Nierenversagen, akutes	Mannitol (Mannit) Furosemid
Obstipation	Paraffinum sub-, perliquidum
• chronische	Lactulose Lini semen (Semen lini, Leinsamen)
Ödeme	Mannitol (Mannit)
• Aszites, Thorax, Perikard	Furosemid

Indikation	Wirkstoff
Ohrmilbenbefall	Imidacloprid + Moxidectin Ivermectin Moxidectin Selamectin
Organkrankheiten, chronische (Leber, Niere)	Nandrolon
Ösophagitis	Cimetidin Cisaprid
Osteomalazie	Vitamin D_3 (Cholecalciferol)
Osteomyelitis	Cefadroxil Clindamycin Erythromycin Lincomycin Tobramycin Vancomycin
• Staphylokokkeninfektion	Rifampicin + Azithromycin Rifampicin + Clarithromycin
Östrusverhinderung	Proligeston
Ovarialzysten	Deslorelinacetat Gonadotropin, HCG (Humanes Choriongonadotropin, Urofollitropin) Leuprorelin
Ovarialzysten, Lutenisierung von östrogenproduzierenden	Gonadotropin-Releasing-Hormon (GnRH, Gonadorelin)
Ovulationsinduktion	Buserelin Gonadotropin, HCG (Humanes Choriongonadotropin, Urofollitropin) Lecirelin
• post partum	Gonadotropin-Releasing-Hormon (GnRH, Gonadorelin)
Oxyuridose	Flubendazol Mebendazol Piperazin Thiabendazol
Pankreasinsuffizienz, chronische exokrine	Pankreatin (Pankreaspulver)
Pankreatitis • akute	Famotidin Omeprazol Cimetidin

Indikation	Wirkstoff
Parasitose	
• Ekto-, Endoparasitose	s. Ekto-, Endoparasitenbefall
• Ektoparasitose	s. Ektoparasitenbefall
– Arthropoden	s. Arthropodenbefall
– Culicidae	s. Stechmückenplage
– *Demodex*	s. Demodikose
– Fliegenlarven	s. Myiasis
– Flöhe	s. Flohbefall
– Haarlinge	s. Haarlingsbefall
– Läuse	s. Läusebefall
– Ohrmilben	s. Ohrmilbenbefall
– Räudemilben	s. Räudemilbenbefall
– Räudemilben, *Cheyletiella*	s. Cheyletiellose
– Räudemilben, *Psoroptes*-Milbe	s. *Psoroptes*-Räude
– Räudemilben, *Sarcoptes*-Milbe	s. *Sarcoptes*-Räude
– Zecken	s. Zeckenbefall
• Endoparasitose	
– Filarien	s. Filarienbefall
– Filarien, Mikrofilarien	s. Filarienbefall, Mikrofilarien
– Helminthen	s. Helminthenbefall
– Nematoden	s. Nematodenbefall
• Magen-Darm-Trakt	s. Nematodenbefall, Magen-Darm-Trakt
○ *Ancylostoma*	s. *Ancylostoma*-Befall
○ Ascarida	s. Askaridenbefall
○ *Oxyuris*	s. Oxyuridose
○ Trichostrongyliden	s. Trichostrongylose
• Respirationstrakt	s. Nematodenbefall, Respirationstrakt
○ Dirofilarien	s. Dirofilariose
○ *Trichuris*	s. Trichurose
○ *Uncinaria*	s. Uncinariabefall
Capillaria	s. Capillariabefall
– Zestoden	s. Zestodenbefall
Dipylidium	s. *Dipylidium*-Befall
Echinokokken	s. Echinokokkose
Mesocestoides	s. Mesocestoidesbefall
• Protozoen	
– *Encephalitozoon*	s. Enzephalitozoonose
– Giardien	s. Giardiose
– Histomonaden	s. Histomonadose
– Kokzidien	s. Kokzidiose
– Toxoplasmen	s. Toxoplasmose
– Trichomonaden	s. Trichomonadeninfektion

Indikation	Wirkstoff
Pasteurellose	Chloramphenicol Doxycyclin Enrofloxacin Florfenicol Tetracyclin Tilmicosin Trimethoprim + Sulfonamide
Penicillium-Mykose	Amphotericin B Nystatin
Phlegmone	Ammoniumbituminosulfonat (Ichthyol)
Plattenepithelkarzinom	s. Karzinom, Plattenepithel
Pneumonie	Lincomycin Spiramycin
• *Pneumocystis*	Pentamidinisethionat
• Pneumokokken	Ceftriaxon
Prostatagewebes, Reduktion erweiterten periurethralen	Flutamid
Prostatakarzinom	s. Karzinom, Prostata
Prostatavergrößerung	Finasterid
Proteus-Infektion	Amikacin
Protozoeninfektion	Dimetridazol s. Parasitose, Protozoeninfektion
Pruritus	Hydroxyzin
Pseudogravidität	Proligeston
Pseudomonadeninfektion	Enrofloxacin Gentamicin
• Septikämie	s. Septikämie, Pseudomonadeninfektion
Psoroptes-Räude	Eprinomectin Fluralaner Moxidectin s. Milben, Ektoparasitenbefall
Pyodermie • oberflächliche	Erythromycin Fusidinsäure
Pyometra	Aglepriston Prostaglandin $F_2\alpha$ (Dinoprost)
Rachitis	Vitamin D_3 (Cholecalciferol)
Radikalfänger	Vitamin C (Ascorbinsäure)

Indikation	Wirkstoff
Räudemilbenbefall	Eprinomectin Doramectin Mesulfen (Dimethylthianthren) Selamectin s. Milben, Ektoparasitenbefall
Reanimation, Narkosezwischenfall	s. Narkosezwischenfall, Reanimation
Reflux, gastroösophagealer	s. Refluxösophagitis
Refluxösophagitis	Cimetidin Famotidin Metoclopramid (MCP) Misoprostol Omeprazol Sucralfat
Regurgitation, Futterbrei	Cisaprid
Reisekrankheit	Cyclizin
Reizhusten, unproduktiver	Codein
Rekonvaleszenz	Stanozolol
Resorptionsstörung/Darm	Vitamin K_1 (Phytomenadion)
Respirationstrakt, bakterielle Infektion	Cefadroxil Erythromycin Marbofloxacin Ofloxacin
Retinadystrophie	Vitamin E (α-Tocopherol) + Selen
Rhinitis	
• abakterielle und allergische	Phenylephrin
• allergische	Diphenhydramin
Rhinomykose	Enilconazol
Rhinosinusitis, bakterielle	Fusafungin
Rickettsiose	Chloramphenicol Chlortetracyclin Florfenicol Oxytetracyclin Tetracyclin
Salmonellose	
• *Salmonella typhimurium*	Ronidazol
• Septikämie	s. Septikämie, Salmonellose
Sarcoptes-Räude	Amitraz Imidacloprid + Moxidectin s. Milben, Ektoparasitenbefall
Sarkom	Doxorubicin

Indikation	Wirkstoff
Scheinträchtigkeit	Cabergolin
Schmerzzustände	Metamizol
• leichte	Ibuprofen Paracetamol (Acetaminophen)
• mittelgradige	Pentazocin
• muskuloskelettale	Ketoprofen
• postoperative	Buprenorphin Carprofen Flunixin Piroxicam
• schwere	Buprenorphin Butorphanoltartrat
Schock	Dopamin
• allergischer	Prednisolon Prednison
• anaphylaktischer	Adrenalin Cortisol (Hydrocortison) Dexamethason
• hypovolämischer	Hydroxyethylstärke (HES, HAES)
• Kreislaufversagen, akutes	Dopamin
Sedation	Dexmedetomidin Diazepam Diphenhydramin Medetomidin Midazolam Pentobarbital Thiopental Xylazin
• bes. vor Inhalationsanästhesie	Tiletamin
• leichte	Acepromazin Ketamin
• starke	Ketamin
Sehnenscheidenentzündung	Ibuprofen
Sekretolyse	Acetylcystein (ACC) Bromhexin
Septikämie	
• Enterobakterieninfektion	Colistin
• Klebsielleninfektion	Colistin
• Pseudomonadeninfektion	Colistin
• Salmonellose	Colistin
Sinusbradykardie	Atropin
Skorbut	Vitamin C (Ascorbinsäure)

Indikation	Wirkstoff
Spasmus	
• glatte Muskulatur (Magen, Darm, Harnwege)	Butylscopolaminbromid Metamizol + Butylscopolamin
• Sphincter urethrae	Phenoxybenzamin
Staphylokokkeninfektion	Amikacin Doxycyclin Enrofloxacin Fusidinsäure Rifampicin Trimethoprim + Sulfonamide
• Osteomyelitis	s. Osteomyelitis, Staphylokokkeninfektion
• *Staphylococcus aureus*	Ronidazol
Status epilepticus	s. Epilepsie, Status epilepticus
Steatitis	Vitamin E (α-Tocopherol) + Selen
Stechmücken	Imidacloprid + Permethrin
Stomatitis, bakterielle	Metronidazol Spiramycin
Streptokokkeninfektion	Doxycyclin Trimethoprim + Sulfonamide
• *Streptococcus pyogenes*	Ronidazol
Superovulation, Stimulation	Gonadotropin, PMSG (Pregnant Mare's Serum Gonadotropin)
Tachykardie, supraventrikuläre	s. Herzinsuffizienz, Tachykardie, supraventrikuläre
Taenienbefall	s. Zestodenbefall
Tetanie	Calciumgluconat
Thromboseprophylaxe	Hydroxyethylstärke (HES, HAES)
Tortikollis	Cyclizin Diphenhydramin Meclozin (Meclizin)
Toxoplasmose	Clindamycin Sulfamethoxazol Sulfamethoxypyridazin Sulfanilamid Sulfaquinoxalin
Tranquilizer	Acepromazin
Traumen, stumpfe	Ibuprofen
Trichobezoare	
• Prophylaxe	Bromelin-Enzyme (Bromelain)

Indikation	Wirkstoff
Trichomonadeninfektion	Dimetridazol Furazolidon Metronidazol Ronidazol
Trichophytie	Griseofulvin Itraconazol Terbinafin s. Dermatomykose
Trichostrongylose	Fenbendazol Thiabendazol
Trichurose	Fenbendazol Flubendazol Mebendazol
Tuberkulose	Dihydrostreptomycin Rifampicin Streptomycin
Tumor • blutbildendes System • Hypophysenadenom • Insulinom • Karzinom • lymphatischer • lymphatische Leukämie • Lymphom • Nebennierenrinde • Sarkom	Cyclophosphamid s. Hämoblastose s. Hypophysenadenom s. Insulinom s. Karzinom Vincristin s. Leukämie, lymphatische s. Lymphom s. Nebennierenrindentumor s. Sarkom
Überanstrengung	Butafosfan
Uncinaria-Befall	Fenbendazol Flubendazol Levamisol Mebendazol Pyrantelpamoat Pyranteltartrat
Unfruchtbarkeit • ♂	Deslorelinacetat Testosteron
Uretherobstruktion, Muskelrelaxation	s. Muskelrelaxation, Uretherobstruktion
Urolithiasis	Phenoxybenzamin
Urtikaria	Diphenhydramin
Uterusatonie	Oxytocin
Uterusinvolution	Oxytocin

Indikation	Wirkstoff
Vasokonstriktion	Pseudoephedrin
Vergiftung	
• Cumarin	Vitamin K_1 (Phytomenadion)
• Metall-, insbesondere Bleivergiftung	Calcium-Di-Natrium-EDTA
• Organophosphat	Atropin
• Kupfer	Penicillamin
Verhaltensstörungen (z. B. Pelzkauen)	Fluoxetin
Verstauchung	Ibuprofen
Vitamin-A-Mangel	Vitamin A (Retinol)
Vitamin-B_1-Mangel, latenter	s. Hypothiaminose, latente
Vitamin-C-Mangel	Vitamin C (Ascorbinsäure)
Vitamin-D_3-Mangel	s. Rachitis
Vitamin-E-Mangel	Vitamin E (α-Tocopherol) + Selen
Volumensubstitution (s. auch Kapitel „Infusionslösungen, Volumenersatz")	Hydroxyethylstärke (HES, HAES)
Vorhofflimmern	Digoxin Diltiazem
Vorlast-, Nachlastsenkung	Captopril Prazosin Ramipril
Yersinieninfektion	Chloramphenicol Florfenicol
Zahnplaqueprophylaxe	Chlorhexidin
Zeckenbefall	Fipronil Imidacloprid + Permethrin Permethrin Phoxim Propoxur
Zerrung	Ibuprofen
Zestodenbefall	Febantel Fenbendazol Niclosamid Nitroscanat Praziquantel

Literatur

Adamcak A, Otten B. Rodent therapeutics. Vet Clin North Am Exotic Anim Pract 2000; 3: 221–37.

Carpenter JW, Marion CJ. Hedgehogs. In: Carpenter JW (Hrsg). Exotic Animal Formulary. 5th edn. Oxford: Elsevier 2018; 443–58.

Erhardt W, Henke J, Haberstroh J, Baumgartner C, Tacke S. Anästhesie und Analgesie bei Klein- und Heimtieren. 2. Aufl. Stuttgart: Schattauer 2012.

Fisher P, Graham J. Rabbits. In: Carpenter JW (Hrsg). Exotic Animal Formulary. 5th edn. Oxford: Elsevier 2018; 494–531.

Gabrisch K, Zwart P. Krankheiten der Heimtiere. 6. Aufl. Hannover: Schlütersche 2005.

Gabrisch K, Zwart P. Krankheiten der Heimtiere. 7. Aufl. Hannover: Schlütersche 2007.

Henke J, Erhard W. Anästhesie und Schmerztherapie beim Kleinsäuger. VI. Berlin: Berliner Symposium 2000.

Henke J. Anästhesie bei Kaninchen, Meerschweinchen und kleinen Nagern. Dortmund: Tagung Anästhesiologie bei Vögeln, Heimtieren und Reptilien 1996.

Löscher W, Richter A, Potschka H. Pharmakotherapie bei Haus- und Nutztieren. 9. Aufl. Stuttgart: Enke 2014.

Mayer J, Mans C. Rodents. In: Carpenter JW (Hrsg). Exotic Animal Formulary. 5th edn. Oxford: Elsevier 2018; 458–93.

Morrisey JK, Johnston MS. Ferrets. In: Carpenter JW (Hrsg). Exotic Animal Formulary. 5th edn. Oxford: Elsevier 2018; 532–957

Plumb DC. Veterinary Drug Handbook. 8th edn. Stockholm, Wisconsin: Pharma-Vet Inc 2015.

Paul-Ehrlich-Institut. Zugelassene immunologische Tierarzneimittel. (www.pei.de → Tierärzte → Mittel → Kaninchen/Frettchen).

Prosl H. Parasitosen des Igels. In: Schnieder T (Hrsg). Veterinärmedizinische Parasitologie. 6. Aufl. Stuttgart: Parey 2006; 649–659.

Smith DA, Burgmann PM. Formulary. In: Hillyer EV, Quesenberry KE. Ferrits, Rabbits, and Rodents: Clinical Medicine and Surgery. Philadelphia: Saunders 1997.

StiKo Vet. Stellungnahme zur Umwidmung immunologischer Tierarzneimittel. Stand 08.01.2018.

Universität Zürich, Institut für Veterinärpharmakologie und -toxikologie. Informationssystem CliniPharm CliniTox. http://www.vetpharm.uzh.ch. (letztes Abfragedatum 27. September 2017).

VETIDATA, Veterinärmedizinischer Informationsdienst für Arzneimittelanwendung, Toxikologie und Arzneimittelrecht. http://www.vetidata.de. (letztes Abfragedatum 27. September 2017).

Wrobbel T. Igel in der Tierarztpraxis. 6. Aufl. Lindau/B: Pro Igel e.V. 2015.